科学
发现
之旅

U0360989

自然的色彩

陈积芳——主编　　甘德福 等——著

上海科学技术文献出版社
Shanghai Scientific and Technological Literature Press

图书在版编目（CIP）数据

自然的色彩／甘德福等著．—上海：上海科学技术文献
出版社，2018
　（科学发现之旅）
　ISBN 978-7-5439-7694-8

Ⅰ．①自…　Ⅱ．①甘…　Ⅲ．①自然地理—世界—普
及读物　Ⅳ．① P941-49

中国版本图书馆 CIP 数据核字 (2018) 第 161301 号

选题策划：张　树
责任编辑：李　莺
封面设计：樱　桃

自然的色彩
ZIRAN DE SECAI
陈积芳　主编　甘德福　等著
出版发行：上海科学技术文献出版社
地　　址：上海市长乐路 746 号
邮政编码：200040
经　　销：全国新华书店
印　　刷：常熟市文化印刷有限公司
开　　本：650×900　1/16
印　　张：12.75
字　　数：122 000
版　　次：2018 年 8 月第 1 版　2018 年 8 月第 1 次印刷
书　　号：ISBN 978-7-5439-7694-8
定　　价：32.00 元
http://www.sstlp.com

目 录

热带大陆的热和冷

〰〰〰〰〰〰〰〰〰〰〰〰〰〰〰〰

非洲的全称是阿非利加洲，它夹在印度洋和大西洋中间，面积约3 020万平方千米，是仅次于亚洲的世界第二大洲。非洲大陆的最南端是南非的厄加勒斯角（南纬34°51′）；最北端是突尼斯的吉兰角（北纬37°21′），与欧洲的最南端仅差1°21′；赤道横穿非洲大陆中部，全洲3/4的地区处于南北回归线之间，所以常年太阳直射，阳光充足。如位于非洲东北的苏丹，就被人们称为"阳光灿烂的国家"。"苏丹"的意思是"黑人之国"，因为苏丹人皮肤多呈黑色或棕褐色。苏丹国土面积188万平方千米，虽未处赤道，但那里干旱少雨，阳光充足，有的城市年日照4 000小时左右，比我国的日光城——西藏拉萨（3 006小时）还多。苏丹南方即使是多云月份，每天仍有8小时的日照。苏丹不仅日照时数多，而且阳光强烈、气温高：在夏天，大部分地区的平均最高气温在 41 ℃，平均气温也在 25 ℃，极端最高气温接近 50 ℃。整个非洲大陆地区年平均气温都在 20 ℃以上，气候炎热。所以，人们把非洲称为"热带大陆"。

非洲的"热"表现在：高温笼罩整个大陆；世界极端最高气温的记录是 57.8 ℃，出现在非洲北部利比亚首都附近的阿济济亚（1922 年 9 月 13 日测得）；年平均气温的最高记录也出现在非洲。埃塞俄比亚东北部的达洛尔，年平均气温为 34.5 ℃，这是世界上迄今为止的最高记录。

▼ 非洲热带草原

非洲大陆终年高温炎热，生长在这里的人们感觉不出岁月的流逝。卢旺达是非洲中部的一个内陆国家，面积仅 2 万多平方千米，人口却超过了 1 000 万，是非洲人口最稠密的国家之一。卢旺达有不少人对于岁月的流逝没有感觉，有些人连自己的年龄也搞不清楚，原因在于这里气温终年几乎没有变化，更无四季之分。该国的鲁波纳城（位于南纬 2°29′），一年 12 个月的气温几乎都停在 25 ℃；平均最低气温维持在 14 ℃；极端最高气温停留在 28 ℃ 左右，极端最低气温维持在 11 ℃ 左右。这种有规律的微小变化，使人难以感觉出来。唯独感觉日出又日落，日落又日出，一天接着一天。于是乎把年、月的概念给淡忘了。正是这样的气温，使得卢旺达境内全年都是生长季节，一边收割，一边播种，物产丰富，人口增长率自然就高了。

非洲虽说是热带大陆，因为受地形和海洋的影响，位于赤道的非洲并非处处是炎热的，也存在着四季如春的"春城"。肯尼亚的内罗毕处于南纬 1°13′，每年的月平均气温基本一致，年平均气温为 18 ℃，这真是名副其实的"春城"。在气候学上，凡候（5 天）平均气温在 10 ℃ 到 22 ℃ 之间的称为"春季"或"秋季"。年均气温 18 ℃ 的内罗毕，比我国广州（年均气温 21.8 ℃）还低了近 4 ℃。乌干达的恩德培也可以说是个赤道上的城市。它的月平均气温也是基本一样的，最高为 22 ℃，最低为 21 ℃，也是一个名副其实的标准"春城"。

位于赤道地区的内罗毕和恩德培这两个城市为什么不炎热呢？原因就在于它们位于东非高原之上。内罗毕的海拔高度达到 1 798 米，恩德培城的海拔高度也达到 1 146 米。海拔高了，气候自然就不炎热了。位于赤道地区的非洲最高峰乞力马扎罗山（海拔 5 895 米）和肯尼亚山（海拔 5 199 米）的山顶，终年白雪皑皑。

除了高原环境塑造赤道春城之外，还有在本格拉寒流的影响下，也塑造出了一个"春城"。它是非洲西南部的城市吕德里茨，位于南纬 26°38′，因受本格拉寒流的影响，其全年平均气温只有 16.2 ℃；最冷月份是 8 月（因其位于南半球），平均气温为 14 ℃。

　　非洲的地形以高原为主，海拔 200 ～ 2 000 米的高原和台地占全洲总面积 86.6%，平均海拔 750 米，仅次于亚洲。非洲高原面积之大居各洲之首，故有"高原大陆"之称。虽然赤道横贯非洲大陆中部，从地带性位置看，整个非洲处在赤道气候带、热带气候带和亚热带气候带，炎热、干旱是非洲气候的突出特征，但因为是高原大陆，所以造就出了像内罗毕和恩德培这样的"春城"。

（吴胜明）

撒哈拉的气候奇观

~~~~~~~~~~~~~~~~~~~~~~~~~~~~~~~~~~~

撒哈拉沙漠是世界上最大的沙漠。它位于非洲北部，处于阿特拉斯山脉和地中海以南，北纬14°线（以250毫米等雨量线为界）以北，西起大西洋海岸，东到红海之滨，横贯非洲大陆北部。其东西长达5 600千米，南北宽约1 600千米，面积960万平方千米，几乎与我国的国土面积相当，约占非洲总面积的32%，并相当于全世界沙漠总面积的一半。

说起撒哈拉大沙漠，很多人总以为它是一片沙丘起伏、黄沙茫茫的不毛之地。其实不然。它实际上只有大约1/5的地方是真正的沙漠，其他地方则是裸露的砾石荒原——砾漠（砾质戈壁）和寸草难生的岩石高地——岩漠。沙漠、砾漠和岩漠呈镶嵌式分布。"撒哈拉"一词的阿拉伯语原意是广阔不毛之地的大荒漠，并不仅指沙漠。

在地理纬度上，撒哈拉正处在北回归线附近的高压带内，一年中大部分时间均盛行来自干燥的中西亚东北信风。信风吹至炎热的北非后更趋干燥，降水极少。区内年降水量大多少于 50 毫米，有些地方常年无雨。如埃及的阿斯旺出现过多年降水量为零的记录。即使是埃及首都开罗，多年的平均降水量也仅为 22 毫米，每年的 4～11 月份更是滴雨不下。由于无雨，日照时间又长，其蒸发量多达 2 000 毫米以上，再加上昼夜温差变化剧烈（一般昼夜温差可达 30 ℃～40 ℃），在这种情况下，地表岩石受到强烈的风化剥蚀，形成大片的流沙和戈壁。这正是撒哈拉沙漠形成和发展的主要原因。

撒哈拉炎热干旱，雨量稀少，从而出现了有趣的气候奇观。其一是幻雨。沙漠上空有时有冷空气流动，乌云聚集，喜降阵雨。但是，由于低空极度酷热、干燥，雨点不等落地就蒸发掉了。人们称它为"幻雨"。其二是雨蒸风和沙暴。撒哈拉的沙暴形成过程是在晴空万里、骄阳如火的时候，天空中常会传来一种奇怪的声音，高而不连续，时有时无，这就是"沙漠之歌"。声响之后，沙丘的顶峰开始活动，热空气把沙粒卷入高空，形成巨大的黄色沙云，顶天立地，旋转不已，太阳由暗红到消失。霎时，狂风大作，黄沙漫天。飞沙打在脸上，针扎一般，甚至会刺破皮肤渗出血来。沙暴开始来了，把鸡蛋大的石头吹得满地乱跑；把沉重的驼鞍抛出几百米以外；被风暴卷起的沙粒，从空中迅猛地砸下来，使人处于十分危险的境地。每当沙暴袭来的时候，原本穿长袍、

缠头巾的当地阿拉伯人，更要将全身裹得严严实实，顶着风，弯着腰，迅速走到附近的地方躲避。一般的沙暴仅持续 2 ～ 3 小时，也有刮上 1 ～ 2 天的。如果探险队遇到这样的天气就很危险。其三是干雾。当沙漠上空风很小，空气中又布满尘埃的时候，就会出现不是由水滴引起，而是由尘埃形成的干雾。这时能见度为零，甚至连号称"沙漠之舟"的骆驼都会迷失方向。所以，撒哈拉人按习惯会在道路两旁，每隔一定距离垒起一堆石块作为路标，以防迷路。其四是奇怪的"枪声"。在夏季的中午沙漠气温常在 50 ℃ 以上，沙面温度甚至高达 70 ℃ ～ 80 ℃；然而一到晚上，狂风呼啸，温度可直降到 0 ℃，致使岩石热胀冷缩，很容易发生崩裂。住在沙漠里的人，到了晚上每每听到岩石的崩裂声，好似雷鸣，又像战鼓，也像枪声，不知情的人听了确实感到恐怖。

撒哈拉沙漠不仅有上述的气候奇观，还以闻名遐迩的史前岩壁画而备受世人关注。这里的壁画不仅规模宏大，有的长达数千米，且绮丽多姿，既有各式各样的人物像，也有鸵鸟、水牛和其他动物。它们反映了远古人们生活的情景，表明当时这里并不像今天这样荒漠遍野，而是有过繁荣昌盛的文明和湿润舒适的环境。也有一些壁画表现的是一些千奇百怪的形象，致使人们不仅对这些岩壁画的制作年代无法稽考，也对岩壁画所要表达的含意茫然无知，有些人甚至怀疑它们是曾经造访地球的外星人留下的。正是由于这些因素，撒哈拉这个世界上最大的沙漠，吸引了在现代文明社会里生活的各国客人。他们竞相前往撒哈拉旅游、观光和科学考察，亲身体验一下撒哈拉沙漠的残酷气候变化和大自然微妙，观赏一下史前人类的文明和智慧，即使带回来的是无数的不解之谜和无穷的遐想。但浏览时切记恶劣多变的沙漠气候环境带来的危险。2004 年 11 月 19 日就发生了德国的 3 名游客在撒哈拉大沙漠中失踪的悲剧。

（吴胜明　张庆麟）

夜雨并非巴山独有

~~~~~~~~~~~~~~~~~~~~~~~~~~~~~~~

　　唐代诗人李商隐在四川的梓州做官时，写了一首很有名的诗《夜雨寄北》："君问归期未有期，巴山夜雨涨秋池。何当共剪西窗烛，却话巴山夜雨时。"诗人把四川省大巴山地区的夜雨现象，写得缠绵有情，让人难以忘怀。

　　诗人的观察确实很准确，在四川盆地的东、西、南、北、中，任意选择重庆、达县、成都、乐山、泸州等5个气象台站为例，从当日的20时至第二天的8时，5站进行平均，夜里获得降雨的量占总雨量的72%；中午12时至下午5时中5个小时的降雨量仅占总雨量的10.5%。这里的夜雨量，从20时到24时是直线上升的，一般在深夜24时雨量达最大值，在凌晨2时以后降雨量又直线下降。据5个台站的统计，雨量最小的时段在中午12时

拉萨夜雨 ▶

到下午4时之间。四川盆地的夜雨，因为有李商隐的诗所传诵，所以广为人知，似乎中国的夜雨为四川独有，夜雨最多的地方非四川莫属。其实并不是这样，我国还有一个地方的夜雨量超过四川盆地，这就是西藏的拉萨。

拉萨阳光灿烂，日照时间居我国各地之首，素有"日光城市"之称。雄伟的布达拉宫，一年四季基本上都在阳光照射之下，显得金碧辉煌。至于拉萨的夜雨就很少有人知晓了。据统计，拉萨的夜雨量占年降雨量的80%以上，也就是说拉萨的降雨绝大部分都在夜晚进行。

拉萨全年降雨量为 1 460 毫米左右，比我国南方的武汉、长沙还多。拉萨的白天晴空万里，阳光普照，一到夜晚就细雨绵绵，十分适宜农作物的生长，所以中国小麦亩产量冠军一直被西藏保持。夜雨也有利于旅游者的观光游览。

俗话说："天要下雨娘要嫁。"下雨是常见的自然现象。我们常见的雨是空气对流所造成的。在陆地上，白天太阳光照射下，地面的空气变热而上升，中午开始起云，午后云量增多。地面上空的空气，上层冷而下层热，冷空气重、热空气轻，冷空气下沉、热空气上升，形成空气对流。一般在中午前后，冷热空气对流最为剧烈，所以下雨的概率就高。在热带地区的海南岛这种现象特别明显。海南岛地处我国的南端，按理说夏季白天的气温应该比较高，但因为海南岛的夏季几乎每天午后要下一场冷热空气对流的雨，大大降低了气温，反而成为夏季旅游的好地方。如果空气结构是下面空气冷，上面空气热，空气对流就难以进行，下雨的概率就非常小。那么西藏和四川等地为什么白天不下雨，一定要在夜晚下雨呢？这与它们的地形有密切关系。从地理环境来看，拉萨位于拉萨河谷之中，谷地南部为高山所阻挡。从下午开始，地面得到的太阳热量就逐渐减少，山坡开始降温，与山坡接触的空气也跟着变冷。冷空气的密度较大，就沉向河谷中。下降的冷空气越积越多，迫使河谷中原来比较轻的暖湿空气抬升上去。当暖湿空气抬升到一定高度时，水汽就凝结成云（即无数的小水点），并且越积越厚。当上升的暖湿气流托不住压下的冷气流时，便形成了雨。拉萨的冷热空气对流从每天下午开始，经过数小时活动到形成下雨的时段已经到了夜晚，所以拉萨多夜雨。

巴山夜雨的形成与拉萨相似。四川盆地是一个多山的盆地，重庆、达县、成都、乐山、泸州等，都处于群山环抱之中，地形条件与拉萨河谷地相似，只不过规模更大一些而已。冷热空气对流同样在下午开始活动，经过一段时间的云系积聚，到降雨时分已是深夜了。

夜雨并非巴山所独有。明白了夜雨形成的机制，凡地形条件与巴山和拉萨相似的地方，都可能发生夜雨，只不过夜雨的时间长短和降雨量的多少有些差别而已。

（吴胜明）

极地动物的保暖之道

～～～～～～～～～～～～～～～～～～～～～～～

　　南北两极处于地球两个对应点上，因环境不同，所生长的动植物也不一样。黑暗严寒，寸草不生，半年白昼、半年黑夜是其共同特点。即使在阳光长时间照射的季节，因阳光斜度大，植物也难以生长。所有植物都需在阳光最多的短暂时期内生长和繁殖。因为冰雪反射力强，太阳照射到地面的热量，不论什么时候，总有九成会无法保留。特别是在冬天阳光短暂的日子里，阳光带来的温暖微不足道，如南极洲中部最低气温达-88 ℃。在最接近南北两极的地区内，最暖月份的平均气温，也只在冰点以上几度。动物要在这样恶劣的环境下生存，食物的来源和自身的保暖之道，是生存的关键。

　　驯鹿是大型食草动物，站立时肩高 1.5 米，重 270 千克，它们每年都要从其加拿大泰加林中越冬地向北迁移到冻原带北部近北极区的繁殖地。迁移队伍甚为壮观，在2～4月份间，小群驯鹿合并成千军万马，数量可达50～100万头。由临近产期的雌鹿、小鹿和雄鹿组成的动物群，开始沿着历史上代代驯鹿所走的路线向北迁移。驯鹿靠吃树叶、草和地衣过冬，虽然针叶林带此时也是冰天雪地，但森林使雪地不致冻硬，驯鹿仍能用其前蹄挖掘埋在雪下的绿色树叶和地衣充饥。另外驯鹿身披粗密的毛发，形成一个厚达5厘米的致密覆盖层，每一根毛发都是空心的，含有利于隔绝严寒的气囊，这是兽类中最具抗风、绝缘作用的毛皮。驯鹿还有一个重要的生理功能是双重体温，即体温保持在38 ℃左右，而暴露在外的脚的体温只有9 ℃～12 ℃，以减少散热，保持体温。

北极熊是惯于独行的食肉巨兽，以浑身雪白的皮毛作为天然保护色。它全年生活在北极地附近，还会随着浮冰漂流出海，它们主要的食物是海豹。冬季，那些不在洞穴藏身的北极熊饥不择食，鸟卵、海草、鱼类和其他生物尸体等都吃。北极熊的产期为严冬12月至1月份，母熊在自挖的雪洞内产仔。初生的幼熊目不能见物，长不足三十厘米，重不足0.9千克，浑身几乎无毛，全凭洞穴及母熊的皮毛保暖。整个冬季与母熊同住在雪洞内。母熊喂乳期长达二十周，母乳是幼熊在这阶段内唯一的食料。出生后几个月内，幼熊已具有约10厘米厚的皮下脂肪层，并开始长出浓密的绒毛和粗厚的保护毛。北极熊母子当年结群狩猎，在第二年夏季分离，母熊离开半长成的幼熊，让它们独立生活，但这些未成年熊易被猎杀或因酷寒缺少食物而丧生。

北极熊能在极寒冷的北极冰上称霸，不被冻死，主要靠有一身与众不同的毛皮。它那白色的毛皮能够吸收紫外线，那一根根白毛好像一根根空心管子，毛内不含任何色素体，能够使太阳光的紫外光沿着芯部通过，阳光热量几乎被全部吸收以增加体温。又长、又厚、又密的北极熊毛是最保暖的毛皮之一。另外北极熊具有很厚的脂肪层，同样具有保暖作用。

南极的企鹅是不会飞行的鸟类，它们的两翼演化成鳍状肢，适合于潜水和游泳。五月里，南极地区冬天快到了，成年企鹅便离水上岸繁殖，在黑暗中求偶和产卵，每次只产一枚卵。雄企鹅负责孵卵，几千只挤在一起取暖，这种密集的方式使每只企鹅的身体只有六分之一暴露在风雪中。在两个月的求偶孵卵期间，它们什么东西都不吃。此时它们动作迟缓、代谢率大为下降，靠消耗体内大量脂肪来维持生命，靠挤在一起来取暖生存。成年企鹅的腹部有一层褶皮，可以垂下来保护孵化中的卵，也可以用来保护出壳的幼雏。经过了千万年暴风雪的磨

▼ 南极企鹅挤在一起保暖

炼，它全身的羽毛已变成重叠、密集的鳞片状。这种特殊的"羽被"，不但海水难以浸透，就是接近-100℃的严寒也休想突破它保温的"防线"。同时，它的皮下脂肪层特别肥厚，这对保温特别有利。另外，它还具有双重体温，即体温保持在38℃上下，而接触地面的脚的体温只有5℃~7℃。在极地生活的动物，都有这种保温的生理功能，这是由动静脉的热力传输系统来保持的。从心脏流出的热血，把热力传给由末端流回的冷血，同时来自末端的冷血，让流向末端的热血冷却。这使动物体温保持在38℃左右，而脚等末端体温则与周围的环境气温相近。这个系统有两个功能：在寒冷的环境里，可以保持体内的热力；又可以使血液涌向末端来散热。

另一方面，极地生活的动物一般都比在较暖地带的同种动物体型矮胖些、大些，但耳朵等易散热部分相对小而圆，这有利于减少散热，保持体温。有些鸟的脚部也长有毛，同样能保温。

（陈　彬）

枯枝败叶层里的生物

~~~~~~

温带森林的树木种类繁多，但主要是落叶树林。这里雨水丰富而且全年分布均匀。冬季较短，但寒冷程度依然足以影响植物的生长和生理过程。落叶林休眠过冬，即生长几乎完全停顿，全靠贮藏在根、干和枝里的养料维持生存。秋天，落叶树林的地面变成天然废物的堆积地，铺满枯叶、干枝、倒树等其他植物残骸以及动物的尸体和粪便。有人估计，在约 4000 平方米林地上的废物中，便可能有一千万片落叶。潮湿的枯枝落叶层迅速腐烂，成为腐殖质。营养丰富的土壤使植物生长茂盛。同时，这些林地废物，养活着无数小动物。真菌和细菌使物质腐烂，形成食物链中的基质。真菌从潮湿地面或树干上长出子实体，供应许多大大小小动物以各种丰富的食物。真菌的孢子和地下菌丝是泥土中无脊椎动物的食物。有些动物以枯叶为食，如蚯蚓；许多动物依赖真菌分解树叶组织。由细菌分解得来的半液体产物，以及这些细菌本身，都是微小动物如线虫、轮虫等的食物。枯枝落叶层里的食物链极为复杂，在一平方千米林地内，可能有 300 种不同的无脊椎动物。再加上它们的天敌，便形成了食物链。食物链中生物种类从微小螨类至哺乳类均有。枯枝落叶层里的动物种类和数量是无法全部弄清的，我们仅介绍几种较为典型的动物，特别是一些钻穴动物。

蚯蚓：属环节动物门，在土壤中营穴居生活，感觉器官不发达。蚯蚓在土壤中穿行时，吞噬土壤，然后把吃下的土壤由身后排出。蚯蚓消化吸收土壤中可供食用的成分。一部分不能消化的泥土形成一卷卷蚯蚓粪，排到地面上。这种穿土和翻土的过程，可使土壤更肥沃。树林中蚯蚓数量很多，每平方米约有两千条左右，一小块土地中可能有十多种蚯蚓，其中若干种直接以落叶为食，有的把树叶拖进穴内慢慢吃。另外蚯蚓分布很广，在农田、果园、公园、菜园里均很多，它们能疏松土壤，改进团粒结构，把酸性或碱性土壤改整为近于中性的土壤，增加磷、钙等速效成分，使土壤适于农作物、蔬菜和果树的生长。另外，蚯蚓可用于养鱼和养家禽，在药用方面还有清热、降压和利尿作用。但蚯蚓也能破坏河岸，并有猪肺线虫等寄生虫。

蛞蝓和蜗牛：腹足纲。蛞蝓身体裸露，无外壳。触角两对。在体背前端 1/3 处有一椭圆形外套膜，其前半部游离。膜内有一薄而透明的石灰质盾板。蜗牛，身背螺旋形的贝壳。触角两对，眼在后触角顶端。这两种动物几乎能吃任何有机物，利用它们如锉的舌头来进食。蛞蝓从潮湿的角落以每分钟 2 厘米的速度爬行，在爬过的地方留下一条发亮的痕迹。蛞蝓和蜗牛危害农作物、蔬菜和瓜果。

▲ 夜间进食的蜗牛会吃多种植物

跳虫：昆虫纲弹尾目，体长 2～5 毫米左右；触角 4 节；口器咀嚼式，陷入头内。具集合眼；无翅；腹部 6 节，具弹器及黏管；缺马氏管。生活于潮湿的土壤及腐殖质之间，约有 2 000 多种，在一平方米土壤中约有 4 万只之多。它们的食物是经其他动物或真菌局部分解过的植物。跳虫在休息时，一个称为"弹器"而形似杠杆的器官会摺起来紧夹于腹部。肌肉的收缩使外披硬壳的关节缩近、整个身躯因而缩短，迫使体液流入弹器中。肌肉放开握弹器，液压会扳直弹器的关节，使弹器猛然拍下，把跳虫弹向空中。跳虫是一种极古的陆栖动物，在有三亿八千万年历史的岩石里，也曾发现过它的化石。

在枯枝落叶层及泥上中居住着许多以蚯蚓、蜗牛、跳虫等为食的动物，在地面上有步行虫、蜘蛛、蟾蜍、蜥蜴、鸟类，以及鼩鼱、刺猬等。在泥土中较深处的有蜈蚣、拟蝎目昆虫以及食肉的线虫等。

拟蝎目昆虫捕食跳虫等，体型似蝎子，但是无后腹节，身长不足 0.83 厘米。拟蝎目昆虫利用其有毒腺的螯，不仅能杀死猎物，而且能把猎物撕碎，送到一对更近口部而且较小的螯肢。这对螯肢把消化液注入猎物体内，使猎物化成液体以供食用。螯肢还能产丝，以便营造构造复杂的窝，供产卵、蜕壳或冬眠之用。拟蝎目昆虫在交配的时候，雌雄互相面对，高举螯肢，前后移动，犹如翩翩起舞，直到雄性在地面上产下一个精包为止。这时雄性随即把雌性拖到精包之上，使精包进入后者的生殖孔中。

鼩鼱不冬眠，一天不吃东西就要饿死。它吃与其体重等量的昆虫和蠕虫，饭后休息几小时，然后又吃三四小时，日夜不停。冬天它在枯枝落叶层和表土掘冬眠的昆虫充饥。鼩鼱体型很小，但会攻击闯入自己地盘的同类。

（陈　彬）

森林中随机应变的动物

~~~~~~

有些动物为什么会到濒临灭绝的境地，除了人为的捕杀、环境的恶化、繁殖率低等主要原因外，还有另外一些重要因素不容忽视，如食性的特化即偏食。一旦饥荒来临，它们就有饿死的危险。国宝大熊猫是素食性动物，但胃的结构简单，肠也短，竹子营养低，故只有增加采食时间和采食量，才能维生。一只熊猫每天平均取食40千克，一昼夜采食3 400根冷箭竹。它不但偏食，而且"认生"，吃惯了自己地盘内的竹子，就不愿再吃其他地方的竹子。即使是在饥荒的日子里，这种挑剔劲儿也一点没变。但竹子在一定年限会开花枯死，这时大熊猫既不肯改变食性，又依恋固守家园，最终有很多势必饿死。

与大熊猫不同，在自然界里有许多动物能随机应变，

性喜清洁的獾 ▶

随着气候变化，或日照长短、食物丰歉，来改变自己的毛色和食性。如北极地区的雪兔和北极兔的皮毛，夏天褐色，冬天变为白色，这样就可以伪装起来，免遭天敌捕食。岩雷鸟一年三易毛色，夏季羽毛土褐色，与岩石和地衣颜色相似；在秋季，岩雷鸟的羽毛先转变成灰色，再变成冬季的白色。鸟的羽色和环境色调尽量相配，对避敌和生存是有利的。如生活在非洲森林里的避役，又名变色龙，随着光线照在它身上的强度、气温的变化等，其本身的色素颗粒随着不同刺激产生反应，显现不同颜色，有利于捕食或避敌。

在自然界中，动物的随机应变能力更重要的方面，是随季节的变化而改变食性，即素食性或食肉性要迅速变为杂食性。这样，在同一环境中那些挑剔偏食的动物闹饥荒乃至饿死时，它们仍然能生存下来。落叶林中那些随机应变的动物大多荤素都吃。如浣熊曾经遭人类大量捕杀，但其种群数量还是相当多，迄今仍是北美洲最常见的哺乳动物之一。浣熊大小如家猫，在中空的树或岩隙里造穴而居。浣熊一胎通常产四仔，满周岁后就可以独立生活。它们成群结队在树上或地上寻觅食物，不论动植物，有什么吃什么。通常吃果实、坚果、种子、嫩芽及昆虫、鸟、鱼、小型兽类等。浣熊擅长用爪在水中捕食鱼、青蛙、淡水小龙虾等。它们会把食物放在水中浸一下，似乎要洗净才吃。

外貌像小熊的獾，能够用强健的前足把青蛙、蟾蜍、蜗牛、鼠类等猎物踩死，食物不足时会用足捣烂蜂巢，会挖掘洞穴和地道，翻土觅食各种幼虫和蠕虫充饥，食性广泛。故其生存范围广，欧亚大陆均有分布。

美洲鼩是北美地区唯一的有袋哺乳动物。食性杂，昼伏夜出，是爬树能手，在下层林丛中觅食，几乎无所不吃。一旦遇天敌，就本能地软下来装死。除了一身臭气，再加上这种装死的行为，确实会使犬等动物极少碰它，使其逃过一劫。

人们为了吃肉或保护农作物，曾对野猪进行大量捕杀，但至今从落叶林到热带地区到处有野猪的足迹。这首先得益于野猪的杂食性，如北方野猪除以红松和柞树的种子为食以外，还吃幼嫩树枝、草根、草子、野菜、蘑菇及其他树叶。在南方的野猪，吃各种杂草、树芽、树枝、树根、果实和动物尸体，以及蚂蚁和昆虫等。庄稼成熟时，野猪常到田里盗食玉米、稻谷、山芋等作物。它没有固定进食时间，活动时到处寻食。野猪嗅觉和听觉敏锐，有声响立即逃跑。奔跑迅速，善于汹水。但遭遇敌人需自我防卫时却异常凶猛，尤以受伤孤猪，会向人和猎狗反扑。即使是虎、豹等猛兽，也不敢轻易向野猪下手。壮年的大雄猪尤为厉害，它的尖锐长牙能把对手的身体剖开。在繁殖季节，雄猪争斗相当激烈，甚至造成重伤。幼猪身上带有淡黄色的斑纹，在林地具有天然保护色作用。幼猪产后一周即能随母猪外出活动。

在鸟类中乌鸦由于其嘶哑的叫声和黑色的羽衣，不受欢迎，常遭人类驱赶，却依旧生存下来。这取决于乌鸦的适应力强，而且群体组织很好，具有一定的智慧。虽然生殖率不比其他鸟类高，但它们能够尽量利用生活环境中几乎任何可吃的东西，如果实、谷类、蛋、昆虫、小鸟、蛙类、小型哺乳动物及腐尸都可以成为它们的大餐。乌鸦还能用它的智慧把水生贝壳动物摔破然后吃其肉。实际上乌鸦和喜鹊同科，对人类益大于害。我们应破除迷信，对乌鸦加以保护。

（陈　彬）

热带雨林中的动物

～～～～～～～～～～～～～～～～

　　热带森林常年高温潮湿，雨量充沛又均匀，非常适合动植物的生长。植物一年之中任何时期都能开花结果，也为动物提供了丰富的食物。许多动物既是猎食者，也是被猎者。螳螂捕蝉，黄雀在后，各种动物之间形成一个复杂的食物链。

　　由于热带雨林的生态环境影响，许多动物在生理结构上会发生一定变化，以适应森林环境。首先是个体变大。热带森林气温高而且变化不大，特别适合于昆虫和其他无脊椎动物生长。动物体内的新陈代谢率高，促使动物体型增大。如蝴蝶、飞蛾、竹节虫、螽斯虫、蜻蜓、蜘蛛、蜈蚣等都比产于温带地区的同属品种大得多。许多昆虫一年内可繁殖几代。还有大青蛙、大蟾蜍、巨蛇和大蜥蜴等冷血动物。

其次，用特殊的鸣声求偶。许多蛙类在密林中由于视物困难，都用特有的鸣声求偶配对，如叶蛙鼓起气球似的喉囊向异性呼唤。

第三，眼睛位置前移。如东印度长鼻树蛇有个狭长的吻，眼睛生长于吻部，因此两眼视野重叠，产生两眼视觉效果，可正确判断树枝距离，提高捕获率。

第四，具滑翔能力。如飞蜥，这种身长 20 多厘米的动物，在林间展开它们的滑翔膜，能对准方向滑翔 20 多米。黑蹼树蛙，具有长的足趾和宽阔的趾蹼，活动时伸直足趾，张开趾蹼，能跃离树林，向下斜着滑翔约 15 米左右。飞壁虎长着有蹼的脚，身体四周有可折叠的皮肤，以帮助它滑翔，它的利爪和趾垫使它能在降落时随时抓住物体。

叶蛙的指端及趾端都生有吸垫，能牢固地附着在树叶的光滑叶面上。绿冠树蜥受惊时能在几秒内以惊人速度改变体色，变成深褐色，来迷惑敌人。有些两栖类能在森林地面潮湿的泥土上产卵而不是在水中产卵。

若干种蛇长着能缠树卷木的尾巴，能紧紧缠住树枝，探身向前，去找另外一个附着点。绿皮蛇和竹叶青具很好的青绿色或条斑保护色，隐没在绿叶之中，袭击其他动物，用毒液很快杀死猎物。

森林中有些毒蛇毒性相当强，如泰国蝮，它的毒液就比韦氏竹叶青厉害得多，有可能使人丧命。非洲树林里的加彭巨蝰毒牙长达 5 厘米，体形大，最毒。它身上的花纹在林中地面上草丛中能隐蔽伪装得很好，可静待伏击猎物。这种蛇卵胎生,一次能产出 50 多条小蛇,繁殖力很强。另外一些无毒的蟒蛇可吞食大猎物。

现在谈谈热带雨林中的鸟类。由于热带雨林中的植物构成不同的层次,生活在森林中的鸟类也分占不同的层次。在林冠顶上主要是几种飞得很快的猛禽。如常见的小隼,飞行速度快,凶猛,吃大型昆虫和小鸟。林鹫以蝙蝠、蜥蜴和鼠类为食。食猴鹫主要捕食猴子,在树顶之上振翅高飞时一旦发现树上的猴子,即迅速捕杀。飞行迅速的雨燕,以林冠上的昆虫为食。小雨燕集大群在洞穴里营巢。这种鸟和蝙蝠一样,天生有一种回声定位系统,飞翔、转变、进洞穴都靠操纵定位系统。

犀鸟是林冠上层最大的禽鸟之一,用有力的长喙,可以啄食树枝上的果实和小动物。别看它的喙很大,似乎很重,实际它的喙是由轻质的蜂巢状多孔纤维组成的,很轻,但坚固而有力。犀鸟的营巢繁殖方式很特殊,一旦产卵于树洞,雌鸟就留在洞内孵化,巢的洞口用泥土封住,雌鸟只留一个头和嘴在洞口外,由雄鸟捕食喂养它。待到幼鸟出壳能活动,封口的泥土破裂,雌鸟和幼鸟才出巢。这种营巢方式能有效防止猴或蛇类捕食其幼鸟或蛋。

另外有一奇特现象,树林中往往有十多种不同食虫鸟类 40 只左右,集群在树林里飞翔,保持一定高度,各自捕食自己喜欢吃的昆虫,组成所谓"鸟军队"。

森林中,地上禽鸟种类很多,主要有原鸡和各类雉。雄性原鸡生性好斗,地域性很强,每天都要在自己领地昂首阔步巡视，看见外来者就会仰首啼叫，还会用有距的腿奋勇搏斗。还有各种雉鸡如环颈雉、白腹锦鸡、白鹇等。而最有名的是孔雀，雄性孔雀求偶时会开屏，即展示华丽的尾羽。但孔雀是胆小的鸟类，遇有危险就逃走躲藏。

南美洲的热带森林中有一些独特的鸟类如蜂鸟，能展开双翼悬空逗留。蜂鸟的翅膀能每秒拍打 80 多次。飞行快速的蜂鸟，甚至可以倒退飞行。最稀奇的是爪羽鸡，幼鸟的翅上生有小爪，能在树丛中攀援，这也证明鸟是由爬行类动物演化而来。

在澳洲和新几内亚有美丽的极乐鸟，求偶时会在树上表现夸耀自己美丽的羽毛。雄园丁鸟会收集金属材料装饰自己的巢，来吸引雌鸟。

（陈　彬）

潮湿炎热环境中的植物

～～～～～～～～～～～～～～～～～～～～～～～～～

　　热带森林没有明显的季节变化。全年气候炎热、潮湿、多雨。任何时候植物都能生长、开花、结实。在那茂密的森林中长着一些特殊的植物，如有的植物生有"气根"，有的树干开花，有时一种植物生长在另一种植物之上等，这些都是很普遍的现象。这里有攀缘植物、缠绞植物、寄生植物、气生植物等等，可谓千姿百态。

　　我们首先介绍一下具有"气根"的红树林。所谓红树林，并不是指某一个树种，而是热带海岸边泥泞的潮间带的一种常绿阔叶林，它的成员都是红树科的植物。全世界的红树林共23科81种，我国有16科29种，主要是红海榄、木榄、海莲、白骨壤等品种。热带地区常见的棕榈科、使君子科、海桑科、紫金牛科、梧桐科等植物伴生其间。

▲ 生长在秘鲁沙漠中的一种凤梨科植物能从海岸的浓雾中摄取和保存水分

在世界范围内，红树林生长在热带海湾滩涂上，分布中心在赤道附近，并延伸到亚洲地区，我国的广东、广西、台湾、海南岛、福建及浙江沿海地带都有生长。红树林显示出惊人的适应能力，能在极为恶劣的环境中生存下来。在潮湿的淤泥中生长的根是不能吸取氧气的，但它有许多地上根即"气根"，能从空气中吸取氧气。这些气根有粗大的皮孔，便于通气，而且再生能力很强。地上根和地下根系可以互相交换气体，使植株不会因陷于污泥中缺氧而窒息。这是生物在自然界里生存竞争中适应环境的又一表现。

红树林的植株相对比较矮小，大多为灌木林和小乔木，根生得深而且分布广，可增强抗风力。红树林的叶片有排盐腺，具有脱盐生理功能，从海水中吸收营养物质时能排出多余的盐分，保持植物体内水分的平衡。所以它有"植物海水淡化器"之称。

红树林还有一个令人惊讶的本能，那就是它们的种子是"胎生"的。由于长期受潮水的冲洗和台风的袭击，种子难得有稳定的萌芽环境，于是它的繁殖方式也发生了独特的变化。它们的种子在尚未脱离母体时，便在果实中萌芽，生长成约13～30厘米的绿色胚轴。这些小棒状的胚轴挂在树上，发育到一定程度，瓜熟蒂落，胚轴便借助自身的重力作用，插入淤泥之中，几个小时后就可稳固住，下次潮水来时就冲不走了；也能确保种子萌生出幼苗时能透过大量的根系茁壮成长。如果种子落在潮水中，由于胚轴中有气道，种子比海水轻，就可以随水漂流，到远处的岸滩上扎根。

▼ 马来西亚的番荔枝的花朵可从粗枝和树干上开出

热带雨林中有许多攀缘植物，如名为猴绳的藤本植物，形成一个个大环，挂在树冠之间。在林中空旷地和河边，藤本植物很茂盛，若有阳光，生长得更繁茂。

缠绞植物的种子落在大树桠叉发芽生长。这种植物向下生根入土，根缠住宿主树枝干，迟早会把宿主树缠死。宿主树腐烂后，剩下的缠绞植物就像一棵空心树。如缠绞榕是非洲、南亚和澳洲最常见的缠绞植物，靠别的植物扶持生长，最后把宿主树弄死，变成自立的树，可能长得比当初的宿主树还要大。

雨林中有两类寄生植物，一种是在地面生长的根寄生植物，另一种是生长在树上的半寄生植物。根寄生植物中最壮观的，是马来西亚的大花草，长出的花朵又大又艳丽。这种植物靠钻进藤本植物的根中吸取液汁维生。半寄生植物属于桑寄生科，只从宿主树吸收部分养分，其余靠光合作用自行制造养分。

气生植物需要较多阳光，取得阳光的方法是附生在高树上，从裂隙里的腐殖质中吸收养分。气生植物演化出许多种储存水分的方法。如有些气生植物的根部有海绵组织；鹿角蕨则在叶上积聚保存水分的腐殖质；还有些气生植物有悬垂根，从潮湿的空气中吸收水分。气生植物为藻类、地衣、苔藓及蚂蚁、水生小昆虫提供了栖息与生长场所。

雨林中有些植物的花朵盛开在粗大的树干上，如马来西亚的番荔枝，是一种茎生花类植物。它的花朵从粗枝和树干上开出来。

许多种树的根在树干基部，形成三角形的扩基组织，把那些很高但往往很瘦的树干牢牢固定在大地上。这种树向上直冲百多米，完全不生旁枝，直至近树冠处才长出枝叶，树干又圆又滑，似一件完美的工艺品。

热带雨林是人类的宝库，保护森林刻不容缓。

（陈　彬）

落叶阔叶林生物群

~~~~~~

　　温带夏绿阔叶林生物群，又称落叶阔叶林生物群。
主要分布在北美洲东部大西洋沿岸；西欧和中欧海洋性
气候区；亚洲东部，包括中国、朝鲜和日本。南半球夏
绿阔叶林生物群很少，只见于南美洲巴塔哥尼亚地区。
气候四季分明，夏热多雨、冬寒干燥。最热月平均温
度 13 ℃～ 23 ℃，最冷月平均温度零下 6 ℃，降水量约
500 ～ 1 000 毫米，而且全年分布均匀。冬季较短，但寒
冷程度依然足以影响植物的生长及生理过程。树木落叶
休眠过冬。落叶腐烂沉积，形成腐殖质丰富的土壤，使
不少植物得以生长茂盛。

　　植物群组成以落叶乔木为主，其中有大叶片的，如
山毛榉属、栎属，小叶片的如桦属、杨属、赤杨属、柳
属等。这些树叶质地较薄，非革质硬叶，通常无绒毛、

鲜绿色，但叶子构造脆弱，易受冰霜和干燥的寒风摧残。树干和树枝有较厚的皮层保护，芽具坚实的芽鳞，并常受树脂保护。秋天到了，树叶便落下来，树木生长几乎完全停止，全靠贮藏在根、干和枝里的养料维持生存。植物群落结构简单清晰：通常乔木占据 1～2 层，由一种或几种树组成，树冠高度基本相同；乔木层下有灌木层和 1～3 个草本层。林中藤本植物不发达，附生植物以苔藓和地衣为主。

　　生物群的季相变化非常明显，春季树木发芽出叶、林下喜湿植物迅速抽叶开花，昆虫苏醒，鸟类活跃，动物种类、数量逐渐增加。夏季树木一片鲜绿，动物大都进入繁殖时期。秋季树木开始落叶，草本植物逐渐枯萎，结束了一年的生活期，但真菌从潮湿地面或树干上长出子实体，以各种丰富的食物供给大大小小许多动物。真菌的孢子和地下细丝，是泥土中无脊椎动物的食物。到秋季，动物种类、数量逐渐减少，鸟类大都南迁，昆虫和某些兽类准备冬眠，或贮藏食物以备越冬之用。冬季树木全部落叶，草本植物地上部分枯萎，多以根茎、鳞茎、块茎的形式隐藏于土壤中；动物活动减少，大部分进入冬眠状态。

落叶阔叶林中的动物群种类比较丰富，树栖食虫鸟类，尤其是夏候鸟较多，

▲ 番茄树上的天蛾幼虫

如燕子、柳莺、鹟、鸫、树莺。经年栖居在森林的鸟类，春、夏、秋吃昆虫，到了冬季改吃植物种子。另外有些食肉性的鸟类如燕隼，捕杀小型鸟类和昆虫；灰林鸮在夜间寂然无声地捕杀啮齿动物和鱼、蛙、昆虫。

在落叶阔叶林中有许多大大小小食草和食肉的哺乳动物如赤鹿、梅花鹿、狍子、欧洲野牛、白尾鹿等。赤鹿几乎吃所有的落叶树的叶子，地上的青草、苔草、真菌也吃。狍以吃树叶为生。白尾鹿是北美洲数量最多的，分布在林区最广的一种鹿。梅花鹿住在森林深处，曾一度遍布远东各地，但现在只产于中国东北、朝鲜和日本。野生种群越来越少，人工驯养的较多。欧洲野牛是躯体庞大的食草动物，现在波兰东部的阿洛维察森林中有残存半野生种群，幸免于灭绝。它吃橡树、榆树、柳树及其他树木的叶子，很少吃草。冬天吃橡实、石南等灌木。还有主要吃素的野猪。

食肉的兽类有林猫、狸、赤狐，獾等。赤狐是分布最广的小型哺乳类动物，住在冻原、针叶树林、落叶树林、干草原及山区、农地等处。赤狐夜间潜行猎食，几乎什么东西都吃。它们吃田鼠和鼴鼠为主，也吃大昆虫、腐尸、鱼类、青草、浆果等，夏天吃禽鸟和鸟蛋。欧林猫酷似巨大的家猫，皮毛黄灰有黑纹，昼伏夜出，猎食小哺乳动物、鸟类、青蛙、鱼等。美洲野猫喜欢独来独往，夜间猎食，以家兔和野兔为主。北美洲的浣熊日常吃果实、坚果、种子、昆虫及蛋，亦擅长用爪在水中捕食淡水小龙虾及别的水生动物，是杂食性兽类。欧亚大陆的獾，是一种结实的鼬鼠科动物，外貌像小熊，能够用强健的前足把青蛙、蟾蜍、蜗牛、鼴鼠等猎物踩死，也会用足捣烂蜂巢，翻土觅食各种幼虫和蠕虫，挖掘洞穴和地道，行洞穴生活，并性喜清洁，经常替换穴中垫草。

（陈　彬）

寒冷林地的生物群

　　唯有耐寒的针叶树和几种阔叶树，才可以在北方林地那种经常天寒地冻的气候恶劣环境中生存。这个地带被称为寒温带针叶林生物群，又称泰加林生物群，主要分布在北半球亚欧大陆北部和北美洲北部。气候夏季温凉，冬季严寒；最热月平均温度 10 ℃～ 19 ℃，最冷月平均温度-20 ℃～-10 ℃；年降水量 300 ～ 600 毫米。生长期很短，在雪被不厚的地方常有很厚的冻土层。

　　我国的寒温带针叶林带主要分布在最北部，包括东北北部（大兴安岭和小兴安岭北部）及新疆最北部（阿尔泰山区），均属于横贯欧亚大陆寒温带的南部边缘地带，森林茂密，是我国著名的林区。

　　泰加林主要由耐寒的针叶乔木组成，适应寒冷、干燥或潮湿的气候。根据群落特征分为明针叶林和暗针叶

▲ 北方树林之夏

林两大类。明针叶林主要由松和落叶松组成，树种喜阳，林木稀疏，林内明亮，树冠近圆形。暗针叶林主要由云杉和冷杉组成，树种喜阴，林木郁闭，林内阴暗潮湿，树冠呈圆锥形或尖塔形。群落结构简单，乔木层常由 1～2 个树种组成，林下有灌木层、草本层和苔藓层。我国大兴安岭森林以兴安落叶松为主，常与多种桦树、山杨和蒙古栎、某落叶树及樟子松混生，林下灌木丛以杜鹃最多。小兴安岭北部是以红松为主的针阔混交林。

针叶林中动物种类贫乏，以耐寒性和广适应性种类占优势，主要集中在地面层和树冠层。森林中，掩蔽条件良好，但食料比较单纯，阔叶树的枝叶、林下草本和地衣、真菌等低等植物为动物的主要食料。针叶树适应干燥而又寒冷的环境。针叶树不像落叶的阔叶树那样在秋季把叶落光，整个冬季都保留本身的针叶，使珍贵的养料不会随落叶丧失，到初春时又可以立刻开始生长。针状叶的表皮很厚，所以在结霜或天旱时，能尽量减少因蒸发而丧失的水分。针叶树所产的树脂也助长生机：如果树枝因冰雪压力太大而折断，就流出树脂封住断面，使致病的细菌或真菌不能乘虚而入。如西伯利亚是针叶树林生长地带中最寒冷的地区之一，而且区内的风既干燥又易使水分蒸发。这里生长的树木，以落叶松为主。这种树能在极端恶劣的环境中，落叶休眠，以保生机。

针叶林的动物，大型的有蹄类以驼鹿、马鹿、麝、狍和野猪最为普通。其中驼鹿是在大小兴安岭北部的优势种，多栖息于混有杨、桦等阔叶树的林缘和林间，主要以杨、榆等嫩枝叶为食，结群生活。有蹄类在针叶林的觅食和休息场所随季节而变化。冬日的不冻泉和夏季的盐碱沼泽是它们饮水和舐盐的聚集中心。

小型兽啮齿类中的优势种或常见种，首推树栖的松鼠、半树栖的花鼠和地栖的大林姬鼠及小飞鼠等。松鼠是针叶林带中最大宗的毛皮兽，它的数量每2～3年繁盛一次，恰好与松子的大熟相适应，但亦会因缺粮而大量迁徙。

食肉类中的黄鼬、香鼬、艾鼬、狐、狼、棕熊、水獭、狗獾等均甚普遍，以黄鼬占优势。近年来紫貂的数量也有所增加。猞猁和熊貂是针叶林带典型的中型猛兽，捕食啮齿类动物。

针叶林的鸟类，以榛鸡、细嘴松鸡和黑琴鸡等为典型；冬季均能适应寒冷的雪野生活，在雪中挖穴而匿或雪后集群活动。此外，松鸦、星鸦、黄眉、柳莺、三趾啄木鸟、黑啄木鸟、小斑啄木鸟和松雀鹰，均为林中常见的种类。水域中有绿翅鸭、赤麻鸭、灰雁、翘鼻麻鸭等，均在此繁殖。

爬行类中，胎生蜥蜴及棕黑锦蛇是比较典型的种类。蝮蛇和红点锦蛇分布较广。

两栖类较少，主要有铃蟾、雨蛙、林蛙等。

许多以树木为食的昆虫，如大松象、甲虫专吃针叶树嫩枝的芽和树皮。

针叶林中针叶树的种子产量有周期性变化，受天气变化和从吃种子的鸟兽数量多少可看出松子果的产量变化。动物种群量的变化都依循相当固定的规律。如野兔种群量十年左右出现一个周期性变化，由多变少或相反。冬季食物缺少时，各种动物多半吃某一种食物，避免互相争食，如水獭靠吃早在秋天就贮藏起来的枯树皮；松鸡专吃针叶；鹿则主要在灌木丛中找食物，互不干扰。

（陈　彬）

寒带苔原生物群

~~~~~~

　　寒带苔原生物群又称冻原生物群，广泛分布在北半球，占据亚欧大陆和北美洲的最北部及其邻近的岛屿。南半球苔原面积很小，仅分布在南美洲南端的马尔维纳斯群岛、南佐治亚群岛和南奥克尼群岛等地。气候冬季漫长而严寒，夏季短促而凉爽；7月平均温度10 ℃～14 ℃，冬季最低温度可达-55 ℃。年降水量200～300毫米，主要集中在夏季。植物生长期平均2～3个月。光照条件特殊，有永昼、永夜现象。土壤温度很低，通常有40～200厘米深的永冻层，常引起土壤沼泽化。

　　生物群一般特征：苔原是无林地带，植物群落由藓类、地衣、小灌木、矮灌木及多年生草本植物所组成。植物种类约100～200种，近南部地区可达400～500种。

代表性的是杜鹃花科、杨柳科、莎草科、禾本科、毛茛科、十字花科、蔷薇科和菊科植物。

永久冻土对植物生长有几种重要的影响。表冰融化后的径流可灌溉植物。在某些地方，由于永久冻土阻水下渗，融水积成很大的沼泽。北极植物的根扎得不深，因为永久冻土阻挡，根无法向下生长。冻原土壤和植物吸收了太阳热以后，把部分热量散发到周围。因此，表土和生长中植物周围的空气，可能比离地面几米的地方温暖 15 ℃左右。这种地平面微气候，使北极植物在气候依然寒冷的季节也能开始生长，如北极野罂粟花茎上长着保暖的纤毛；铺地石竹紧紧贴地生长，像块垫子。这些植物给北极之春平添秀色。极地植物只在白昼极长的情况下才能开花结实，在温带则不结种子。所有的植物都是多年生植物。如一年生植物，遇到严寒，种子不能萌芽，该植物就绝种了。有些植物不用种子繁殖，而用长匍茎或由风传播的小球茎进行繁殖。这里的植物生长速度非常缓慢，高度只有几厘米，茎只有 3 厘米左右的灌木年龄可能已高达百年了。

植物群落结构简单、层次少而不明显，通常可分 1～2 层，即小灌木、矮灌木层和苔藓地衣层。多年生常绿植物如矮桧、越橘、喇叭花、岩高兰等；匍匐型和垫状植物有极柳、弯桦和高山蓼莎等。耐寒性强，如北极辣根菜的花和幼小果实，如冬季被冻，到春季解冻后可继续发育。驯鹿苔藓是驯鹿的主食，在地衣中最突出。

冻土苔原地区的动物有哺乳类旅鼠、雪兔、北极狐、

驯鹿、麝牛、白鼬、狼等。

　　狼不冬眠，也绝少贮藏植物。它们所以能在极地生存，全靠有良好的群居组织。一年到头，狼不停寻找驯鹿和麝牛，拣其中老弱病残者扑杀果腹。麝牛体壮有力，生有一对弯角，当者披靡，不畏任何天敌。一旦遭狼击，牛群围成一个圈阵、垂下双角，保护圈中幼牛；双角钩住狼后，把狼举起抛向后方，由牛群踏死。北极狐猎物少时，就吃腐肉；冬季毛色变白。旅鼠的种群数量有周期性变化，每三至四年重复一次。所谓旅鼠集体自杀，是由于数量剧增，食物短缺，为找食物大量迁移过程中，结成成千上万只的大群，争先恐后，遇到江河，也勇往直前，不幸大批投江而死，仅余少数在新地定居。雪兔和北极兔的毛色冬季变白，并挖洞在雪下过冬，免遭天敌捕食。驯鹿当冬天来临，食物缺少时，就大批集群迁移到针叶林带觅食过冬。

最能适应北极区环境的两种鸟是柳雷鸟和岩雷鸟。这两种鸟的脚和趾都长有羽毛，更能防寒。岩雷鸟的羽毛，随季节换毛三次，是有力的保护色。雪鸮除捕食雷鸟外，还捕食旅鼠。许多小鸟，如云雀、黄胸鹀、麦鹟等在北极区营巢繁殖，冬季南迁。春天来临，大地复苏，引来许多水鸟，特别是雁、鸭类、天鹅等在此营巢繁殖，这些鸟都能游泳，体羽绒毛保暖性强，在冻原上无数的大小池沼中觅食。黑喉潜鸟、白嘴潜鸟都在湖边繁殖，可潜水一分钟之久，在水下捕食鱼、蛙、软体动物、甲壳类和水生昆虫。许多种涉禽和金鸻、杓鹬等，在岸边或浅水中走来走去，啄食泥中的昆虫、鱼、虾。这种生气勃勃的景象，在北极地区短暂的开花季节时出现。到湖水再结冰，冬季来临时，禽鸟又南飞了。

总的来说，苔原动物耐寒力很强，皮下脂肪厚，体毛浓密而长；许多种类在冬季毛色变白，和环境雪地一致如雷鸟、兔、北极狐等。动物群季节变化比较明显。动物无冬眠和贮粮现象。夏季昼长，日强烈，招引许多夏候鸟来此营巢繁殖，如雁鸭类和鹬鸻类。苔原地区无爬行类和两栖类，昆虫种类也很少，但特有的双翅目昆虫，数量十分惊人。

（陈　彬）

高山生物群

~~~~~~

　　高山生物群分布于高山带，介于雪线与山地森林上限之间。由耐寒、耐旱及适应冰雪的种类组成各种植被类型。主要有高山苔原、亚高山草甸和高山草甸、亚高山灌丛和高山灌丛、高山坐垫植被、高山草原、高山荒漠、高山稀疏植丛及高山沼泽等基本类型。

　　在树木生长线以上，大都是先有灌木及矮树地带，那些矮树是当地树木的小型品种，上面布满苔藓。再上去是高山式草原，兼有冻原植被。紧接雪线之下，就是没有永久积雪的植被地带，有一些耐寒的开花植物生长，而岩石上则覆盖一层层的地衣。在喜马拉雅山脉树木生长线以上，除有这三个植被地带外，还有一个风成地带。在这里，有机岩层由风从下面的平原送上来，维持微小植物及吃腐肉的昆虫成长。大多数高山植物很矮小，属

▲ 牦牛是耐寒的动物

多年生植物，可是每年只有很短的季节适合生长。植物逐年长大，到完全长成后，还要有足够的能源及养料，才可以繁殖。山上植物的品种，有的不能进行种子的有性繁殖，而是利用其他方法繁殖，如垂头虎耳草，在茎与叶的节间长出小芽，这些珠芽掉在地上，冬天时藏在雪下，到来年的春天长出新植物。一些品种不用受精也能产生种子，如山毛茛。其他植物的种子，在仍然附着母体植物时也能萌芽，如高原早熟禾等。

有些高山植物受本身丰富的细胞液保护，不怕冻坏。细胞液有防冻作用，把植物冻死的临界点降低。有的植物靠保存热能来维生，如无茎麦瓶草生在一团浓密的草茎包围中，成团的草茎形成一个微气候，那里的气温可能比周围的环境高出十几摄氏度。有的植物本身可把碳水化合物变成热能，从芽向外散发而化雪。

高山动物种类贫乏，仅有一些特别适应寒冷与大风等严酷条件的动物。如善于攀登陡崖的岩羊、盘羊和生活于冰碛物中的鼠兔以及适应高山生活的雪豹。在高山上生活的大型哺乳动物，多半是吃素的。由于猎物少，所以真正的食肉兽只有少数几种，如美洲狮、狼、雪豹和肯亚山上的豹。熊很少见，并且它是杂食性的，浆果、苔藓、蚂蚁、鱼等均吃。牦毛是山上唯一的牛科动物，擅长攀山。在亚洲及非洲高山生活的动物有几种鹿和羚羊；在安第斯山中，有骆驼科的代表骆马、原驼，以及被驯养的美洲驼和羊驼。雪豹是唯一真正的高山猫科动物，产于喜马拉雅山脉和阿尔泰山脉，海拔两千米高处也有它们的足迹，发育健壮；白天走出洞穴，在广阔区域内捕猎幼牦牛、绵羊、山羊及小哺乳动物。它靠潜近猎物后才动手。牦牛皮毛浓密蓬松，使它在-40 ℃左右的严寒中仍能生存，以植物为食，缺食时就以苔藓和地衣维生，并吃雪取水。牦牛外表笨重，但攀山时动作敏捷、脚步稳健。遇到天敌狼、雪豹时，牦牛群就围成一个圆圈，牛角向外，勇敢斗敌，保护圈内的幼牦牛。另外有脚步极其矫健，在悬崖岩石之间跳跃自如的盘羊、山羊，它们身披浓毛、厚皮和数层脂肪，足以抵抗山间严寒。石山羊又粗又短的腿和细小的蹄，在看来似乎走不通的山崖上也能择路而行。这些动物居住之处，大多数天敌无法到达。

　　小型哺乳动物如啮齿动物在高山上相对比较多一些。如土拨鼠和黄鼠遍布北美洲和欧亚大陆的高山地带，欧洲的雪田鼠和沼地鼠，都可以在肯亚山树木生长线以上见到。它们有钻洞，贮存食物过冬的习性或冬眠。另外一些动物如鹿、绵羊等在冬季迁移到地势较低地方过冬。

　　高山上的鸟类必须应付狂烈的风。食肉鸟类一般体型较大，有足够气力在强风中飞行。有些栖木鸟则绝少飞行，尽量接近地面避过风力。它们的双足能抓紧岩面。胡兀鹫是最善飞翔的食肉鸟之一，能飞至一万多米高空，在非洲的山上，靠吃腐肉维生。产于欧亚和北美的金雕常从岩突的栖息地飞到远方捕食小型兽类。山上的树栖鸟类有黄嘴山鸦、红翅旋壁雀、岩鹨等，分布在欧亚和北非的高山上。山鸦以二三十只成群活动，捕食蠕虫和昆虫。它们会把多余的食物贮在岩隙间以备日后之用。西藏雪鸡于夏季可分布在海拔 6 000 米左右冰川间的小片草地上。一种冰蚯蚓生活在冰川冰隙中。由蜘蛛和小昆虫组成的特殊小动物群，生活在雪地或岩屑中，它们以风吹来的有机残体作为营养源。如有泥土的高山之处，就会有一个复杂的动物群落，内有螨、蛄和其他甲虫，以跃尾虫为食。住在泥土中的昆虫都会钻洞。

高山昆虫积极摄取养料的时间，只限于六至八周的短暂夏季里。有些品种的全部进食时间，全年只有几个钟头而已。海拔越高，食物供应越少，动物品种也越少。

（陈　彬）

水生生物群的生态

~~~~~~~~~~~~~~~~~~~~~~~~~~~~~~

　　生物起源于水中，水是生物体的主要成分，是进行一切生命活动过程的生理要素，也是一切水生生物的生活环境，没有水就没有生命。植物体都含有 60% ～ 80% 的水分，多者达 90% 以上。动物体含水量一般也在 75% 以上。

　　水是一种溶剂，生物体内一切生物化学过程必须在水中进行。植物有关营养物质的吸收、运输，光合作用、呼吸作用的进行和细胞内一系列的生化过程都必须有水参加。水是动物、植物生活所必需的无机盐类的载体。水生生物的整个生命过程大都在水中进行，因而水体的理化性质对水生生物具有极其重要的意义。

　　水生生物分布非常广泛。海水里有，淡水里也有，并且在广大的水域中种类非常相似。比如，许多原生动物、淡水软体动物、枝角类浮游生物和水生昆虫等，都是世界性分布；植物中的许多种类，如眼子菜、芦苇、泽泻、香蒲、浮萍、金鱼藻以及许多细菌、真菌和浮游藻类等，也都出现在淡水环境中。但是，由于各种水体以及同一水体内各个部分、理化条件、光照条件并不完全一致，因而出现了多种多样的生活环境，水生生物与此相适应，则形成不同的生态类群。

漂浮生物：生活在水面上生物的总称。在淡水中常见的漂浮植物有浮萍、槐叶萍、满江红、凤眼莲等，它们是自养生物，能进行光合作用。淡水中典型的漂浮动物是鼋鼍，海洋中是僧帽水母、帆水母等。

浮游生物：生活在水体表层，大多数体形微小、肉眼看不见。常借助水流、波浪或水的环流在水中游动。种类复杂、分布广泛，海洋、河流、湖泊、池塘到处都有。浮游植物常见的有硅藻、甲藻、金藻、黄藻、绿藻和芸藻等，它们属自养生物，是水生生物中最重要的初级生产者。浮游动物是异养生物，常见的有原生动物轮虫、枝角类、桡足类、水母和箭虫等，它们是鱼类、贝类、虾类的主要食物。

自游生物：主要指在水中能够游泳的动物，它们都具有发达的运动器官和很强的游泳能力。种类很多，淡水中主要有鱼类、虾类，海洋中除了鱼类、虾类以外，还有软体动物如乌贼、章鱼，以及脊椎动物中的鲸类、海豚、海牛、海龟、海蛇等。它们是水生生态系统中的主要消费者，多系食物链的上部环节，是重要的水产资源。

底栖生物：指栖息在水底，但又不能长时间在水中游动的生物。底栖植物主要是水生高等植物和附生藻类，多分布于湖泊与沼泽中。底栖动物种类很多，包括各门动物的代表，如原生动物、海绵动物、腔肠动物、扁形动物、环节动物、节肢动物、软体动物、棘皮动物和脊索动物。它们生活方式多种多样，有的在水中匍匐爬行，如鲛鳒、海星；有的固着在水底岩石上，如藤壶、牡蛎；有的埋进水底泥沙中，如沙蚕、蝼蛄、泥蚶、文昌鱼等；还有的钻进水底岩石或木材中生活，如海笋、凿穴蛤、钻钿海胆、船蛆等。

▲ 潜水的小型食肉动物

如果我们单从水生植物的生态类群来讨论，那些植物体或多或少沉浸于水中，根据沉水程度可分为沉水植物、浮水植物和挺水植物。沉水植物，即植物体完全沉没在水中，有些仅在花期把花伸出水面，如眼子菜、苔草、狐尾藻、金鱼藻等。如果植物体浮在水面上，其中一些根着生在水底泥土中，如萍蓬草；有一些完全漂浮，如萍草、满江红等称为浮水植物。有些植物体下部沉没于水中，上部露出在水面上，如睡莲、香蒲、芦苇等，称为挺水植物。

水域中各类生物往往是重要的水产资源，具有重大的经济价值。动物如无脊椎动物中的腔肠动物，软体动物如河蚌、乌贼、贝类，节肢动物的虾、蟹，棘皮动物海参；脊椎动物的鱼纲中各类鱼，两栖纲中蛙、鲵，爬行纲中龟、鳖、鳄，哺乳纲中鲸、海豚、海豹等都是重要的资源，是供应人类蛋白质的重要来源之一。

世界水产资源十分丰富，仅鱼类就达 11 000 余种。我国水产资源极为丰富，几个大海域大陆架广阔、饵料充足，是多种水生动植物的良好繁殖生长场所，仅鱼类就有 200 多种；我国内陆水域生长着 2 000 多种鱼类，经济鱼类有四五十种，其中青、草、鲢、鳙是四种特产经济鱼类。所以我国的水产资源开发具有很大的潜力。

（陈　彬）

内陆水域生物群

～～～～～～～～～～～～～～～

　　内陆水域包括河流、溪泉等流水水体和湖泊、池塘、水库、沼泽等静水水体。

　　河流中的生物群：河流是流水的水体，上下游差异很大。河流上游及类似上游的溪间，底部由大小岩块和砾石组成，水流清澈，泥沙和有机物质较少，溶解氧含量高，流速大。很少有永久着根的水生植物，只有刚毛藻、丝藻等固着在岩石上，硅藻数量很多。动物多生活在岩石或砾石间空隙中，蚋的幼虫数量很多，其次是蜻蜓、蜉蝣等幼虫，鱼类多属小型冷水鱼或善于游泳的如河鳟。有些鱼靠着腹下的吸盘，附着石上或沿着石面缓慢移动。有些鱼在河床上挖个凹处产卵，或像河鳟那样把卵产在砾石堆里埋起来。还有些鱼产下有黏性的卵，粘在石上就不会被水流冲走。

欧洲林蛙产的卵布满
池塘 ▶

　　急流中的无脊椎动物，长着有力的爪和吸盘，体型
是扁平的。有些幼虫在化蛹时就吐丝，还用沙粒或小
石压稳卵，免被水流冲走。山溪间的动物吃两岸掉下来
的有机物，或捕食别的动物维生。有些动物结网来捕取
食物。

　　山溪汇成河后，虽然已有泥沙沉积，但是水流仍然
很急。有泥沙淤积之处，漂浮毛茛、黑三棱等植物就长
起来。江河上游的水温比山溪急流中的水温高，但含氧
仍很充足。这里就有一些适应水温较高的鱼类。环境条
件改善，使动物多起来，增加了蜻蜓若虫、腹足类软体
动物、贻贝等。无脊椎动物的增多，加上更多的植物种
类，使这里生长的鱼类有更多的食料吃。河流下游河床
宽、水深、水流平缓，水中有机物质含量多、河水浑浊，
光线透入浅，河底粉沙或淤泥较多，水温比上游高。在

岸边、河滩、湖汊、池沼多或水流分支杂乱处，着根水生植物较多。如眼子菜、蔗草、水葱、芦苇等。水中浮游生物量较多。底栖动物有穴居的蠕虫和蚊类的幼虫，有时还有甲壳类、螺类和其他软体动物。自游生物主要是鱼类，其中鲤、鲫、鲶、狗鱼较多。在北美洲各河流里，主要的鱼类有亚口鱼、鲶、园鳍雅罗鱼等。吃肉的鱼类如狼鲈、河鲈、鳗鲡等，也很普遍。在河流的边缘生长着沉水植物和浮水植物，供给鱼类产卵地，同时也可使鱼苗栖身和取食。

　　江河到了平坦的低地通常宽阔了，两岸有茂密的植物，使动物有更多的食料可吃。河流往往有很多大湾，河水因含有机物而呈污浊。水温升高，水流缓慢，使浮游生物也能生长。在河水流入大海的河湾，河水含有盐分，出现了咸淡水都能生活的鱼类，例如刺鱼。

　　湖泊是静水水体，通常分为沿岸带和深水区，其中的生物相应地表现出水平分带和垂直分层的特征。

　　沿岸带不同的水区，由于水深、光照等条件的不同，形成不同的生物群。由湖岸向深水区分为挺水植物带、浮水植物带和沉水植物带。挺水植物带湖水较浅，植物体下部沉没于水中，上部露出水面，如睡莲、香蒲、芦苇等；浮游藻类和自游动物很丰富。浮水植物带水深增加，出现萍蓬草、浮萍、满江红、浮叶眼子菜等植物，它们的根着生在水底或在水中漂浮，而叶、茎、花浮在水面上。沉水植物区湖水较深，出现苦草、眼子菜、狐尾藻、金鱼藻等。植物体完全沉没在水中，根扎在底部，少数种类将花露出水面。在浮水植物带和沉水植物带中，生活着浮游植物、浮游动物和某些鱼类。

湖泊的岸边是生物繁殖的区域，有根的植物给许多的扁虫、环节虫、软体动物、甲壳动物、昆虫及其幼虫提供栖息场所和食料。湖水越深、植物食料越少，动物也就少了。湖底的软泥和植物残骸中，多半有昆虫的幼虫、若干腹足类软体动物、许多环节虫等。

在开阔水面漂浮的微细动植物，叫作浮游生物。浮游植物以藻类为主，如硅藻、蓝藻。湖中食料的循环也有一定的规则，植物依靠水中养料而生长，动物吃了植物，把植物组织变成动物自身组织。食肉动物吃掉食草动物，而这些食肉动物本身死亡后，细菌把它们的尸体分解，又变成简单的无机化合物和有机化合物，再供植物吸收。

（陈　彬）

海洋生物群

~~~~~~~~~~~~~~~~~~~~~~~~~~~~~~~~~~~~~~~

　　海洋生物十分丰富，特别是动物，从简单的原生动物到复杂的哺乳动物，几乎所有的门类在海洋里都有其代表。植物主要是浮游植物和藻类。海洋里有丰富的生物资源和巨大的物质潜力，但目前人类从海洋里取得的食物还不到我们需要的 2%。海洋环境通常分为三个生态带：沿岸带、大洋带和深海带。以下详述前两者。

　　沿岸带，又称浅海带，包括从海岸线开始到水深 200 米左右的大陆架及其上面的水域。光线充足，海水温度与盐度变化较大，水的运动显著，有波浪和潮汐的影响，具有基底，生物种类最丰富。浮游植物主要是硅藻，水底植物主要是石莼、海带、紫菜和石花菜等。浮游动物以涡鞭毛虫类为最普遍，主要分布于亚热带、热带及赤道水域中。其次有桡足类、水母等，自游动物种类不少，主要是各种虾类和鱼类。底栖动物十分丰富，根据基质特点，分硬质底栖动物和软质底栖动物。硬质底栖动物以营固着生活方式的动物为主，如海绵动物，腔肠动物海葵、珊瑚，软体动物牡蛎和贻贝，节肢动物藤壶，棘皮动物海胆、海百合和脊索动物海鞘等。此外，还有营钻蚀生活方式的动物，如某些软体动物、甲壳类、蠕虫、海胆等。软质底栖动物主要是一些穴居生活的种类，如软体动物蛤蜊、蛏，甲壳类虾、蟹，棘皮动物海胆、海参、蛇尾以及腔肠动物海葵等。还有一些短距离游泳和爬行的动物，某些蛇类、鱼类、海星、虾、蟹以及蛤、蛏等。

生活在沿岸带的动植物要适应潮水涨退所引起的温度和化学成分的急剧变化，在涨潮的时候，它们要抵受得住波浪的冲击，而在退潮的时候，又要经得起风吹日晒和不同光度、热度及盐度。一则增强生理的抵抗力，或迅速避过恶劣的环境，如潮退后，避到黑暗潮湿的石缝里便是一个例子。如鳚就藏在岩缝里、水草下或阴影里，使身体和鳃保持湿润。为抢住一个岩岸掩护较佳的位置，竞争非常剧烈。住在一个岩隙里的动物群，可能有海绵、海葵、水螅虫、海胆、星鱼、贻贝、蟛、牡蛎、石鳖、虾、龙虾、藤壶、海毛虫、鳚等。最能适应岩岸的动物是藤壶。它有可以保留水分的外壳和壳孔盖，这样就不怕海浪冲击：潮涨时，壳孔盖打开，伸出六对蔓足，拨动海水，捕食微细的浮游动物。

大洋带：又称开阔外海带，包括沿岸带范围以外的大洋全部上层水域，其下限以阳光透入的最大深度为界，一般为 200 ～ 400 米。大洋带的生态条件比沿岸带单一，光线充足，水温较高，盐分高而变化小，营养成分不太丰富，缺乏基底和隐蔽条件。植物全属藻类，以硅藻为最多，分布在水面下几十米处。动物主要是浮游动物和自游动物，如原生动物有孔虫和放射虫，甲壳类如磷虾，软体动物如乌贼，脊椎动物箭鱼、金枪鱼、飞鱼、鲨、鲐、鲅、鲑、鲥，以及海龟、海蛇、鲸类等。

▲ 章鱼

　　生活在海洋里的生物都有一套自卫和保护的色彩，如在开阔海面游来游去的鱼类，像金枪鱼、鲭等背部都有深绿或深蓝条纹，从上望下去难以发现，而腹下则颜色浅淡，从下望上去也难于发觉。游动缓慢的鱼，身上可能披着刺或硬鳞。有的鱼可钻入沙里藏身，或鳍和鳃盖上有毒刺。箱鲀身上的鳞片增厚成骨质的覆盖物，能安然挡住袭击。而箭鱼和旗鱼是大型食肉鱼。这些鱼都有长长的上颌，在箭鱼身上形成扁扁的剑状武器；在旗鱼身上形成长圆锥形的矛。它们就用这些武器，向较小的鱼群反复劈刺，击晕或刺伤猎物，然后从容将其吃掉。

（陈　彬）

陆地植物区系

地球上几乎到处都生长着植物，而且种类繁多，形体各异。据统计，地球上有四十多万种植物，其中低等植物有十多万种。

大约 30 亿年前，地球上已出现了植物。最初的植物，结构极为简单，种类也很贫乏，并且都生活在水域中。经过数亿年的漫长岁月，有些植物从水中转移到陆上生活。由于陆上环境复杂，变化很大，受气候变化、造山运动、冰川运动、火山爆发、海水侵入等影响，真是沧海桑田，变化万端，植物在形态结构、生态生理上起了变化，出现了适应构造的根、茎和叶的出现，最后出现了花、果实和种子。

由于某些地理因素的阻碍，如大海、高山、沙漠等，使许多生物不能自由地从一个地区向另一个地区迁移，隔离使生物出现了形态、生理、生态上的差异，形成新的种类，加上自然杂交和人类的培育，产生了许多新类型和新品种。在南北极、温带、热带、荒漠、寒冷的高山等不同环境中，出现不同的植物。根据植物区系成分、性质、形成和发展历史的相似性，将世界陆地植物区系划分为六个区。

泛北植物区：简称全北区。指北回归线以北的广大地区，包括欧洲、亚洲大部分、非洲北半部和全北美洲，是世界陆地最大的植物区。从地质史上看，该植物区系起源于第三纪时期分化的三个植物区系带。本区以亚热带常绿阔叶林、温带夏绿阔叶林和寒温带针叶林区系为主；有银杏科、珙桐科、粗榧科、水青树科、连香树科、牡丹科、岩梅科、五福花科和锁阳科等30多个特有科，均为单属种或少属种的较古老的科，多数为东亚特有。木兰科、樟科、毛茛科、小檗科、壳斗科、桦木科、胡桃科、石竹科、十字花科、蔷薇科、菊科、龙胆科、杜鹃花科、禾本科、莎草科、兰科、松科、柏科等在本区有丰富的代表。

古热带植物区：简称古热带区。位于北回归线以南，包括撒哈拉大沙漠以南的非洲地区、马达加斯加岛、阿拉伯半岛、印度半岛、中南半岛、中国南部、印度尼西亚诸岛以及澳大利亚东北部和太平洋岛屿，为第二大植物区。本区终年炎热多雨、季节变化不明显，植物全年生长。气候条件在很长的地质时期内几乎无多大变化，植物种类十分丰富，约45 000种以上。植物区系特有科、

亚高山的植物 ▶

属较多，组成本区热带雨林、季雨林和稀树草原的 40 多个特有科，最著名的有苏铁科、猪笼草科、芭蕉科、鞭藤科、露兜树科、龙脑香科、大花草科、姜科等。植物种类除泛热带和古热带之外，在北部高山还嵌入泛北极成分，南部具有好望角、泛南极和澳大利亚成分。

　　新热带植物区：简称新热带区。包括佛罗里达最南部、中美洲、南美洲大部分及附近热带岛屿。植物区系特有科、属、种均很丰富。如膜蕨科、红木科、仙人掌科、美人蕉科、旱金莲科等 25 个特有科。植物种类十分丰富，仅巴西就有 4 万多种。与古热带区系有共同起源，具有许多共有科、属，如番荔枝科、樟科、莲叶桐科等。热带美洲与亚洲热带区系有密切联系。该区是许多热带作物的发源地。

　　澳大利亚植物区：又称澳洲植物区，是由澳大利亚大陆和塔斯马尼亚岛构成的独立植物区。植物区系特有科、属、种十分丰富，如山龙眼科、桃金娘科、木麻黄科等13个特有科。在12 049种维管束植物中，有9 036种为特有种，约占总植物种类的75%。种类丰富的属也很多，如金合欢属有486种，桉属有342种。这种特有现象是由于中生代白垩纪以来，在地理上澳大利亚大陆一直处于被海洋包围的孤立状态，妨碍了它与相邻大陆植物区系的混合与渗透。

好望角植物区：又称开普植物区，简称好望角区。位于非洲西南端沿海一狭窄地区，北界沿奥兰治河延伸，东以德拉肯斯堡山脉为界，长约800千米，宽约80千米，是世界上最小的植物区。气候与地中海沿岸相似，植被以常绿硬叶灌木占优势，植物区系种类和特有成分十分丰富，有7个特有科、210个特有属及3 000个特有种。最典型的有牻牛儿苗科的天竺葵、酢浆草科的酢浆草，肉质植物有松叶牡丹属，木本植物山龙眼科有262属，杜鹃花科石楠属有460种。

泛南极植物区：简称南极区。包括南美洲大陆南纬40°以南的地区和大洋岛屿，南极大陆及其周围的岛。大部分为开阔海洋和南极冰川，陆地部分只是南美洲南部、新西兰及众多岛屿，面积较小。植物区系种类贫乏，特有现象显著，有10个特有科、40个特有属及南美杉等1 200多个特有种。

（陈　彬）

特殊生物构成的海岸

〜〜〜〜〜〜〜〜〜〜〜〜〜〜〜〜〜〜〜〜〜〜

　　您去过海边吗？当您站在海岸边观望大海，蓝蓝的海水一望无际，使人心胸开阔。低头看看海岸，沙滩怪石一片。当潮水来临时，海浪拍岸，浪花飞溅，别有一番情趣。所谓海岸，是指陆地与海洋相互交界、相互作用的地带，包括沿岸陆上部分及沿海浅水部分。其上界是激浪作用的上界（陡峻的岩石海岸，上界为海蚀崖的顶部；平缓的沙质海岸，上界位于海滩顶部长草处），下界位于相当于当地波长的 1/3 ～ 1/2 的水深处。由此而论，海岸的上、下界间陆上和水下部分是海岸的整体，宽度大着呢！

　　地球上有一种特殊的海岸，它陆上和水下部分组成的海岸，主要是珊瑚礁海岸和红树林海岸两种类型，统称为生物海岸。

　　生长在热带和亚热带海区的珊瑚，体内的石灰质含量很高，珊瑚不断死亡堆积在岸边便可形成礁石，即珊瑚礁，礁体坚硬抗蚀。根据礁体与岸线的关系，通常分岸礁、堡礁和环礁三种类型。岸礁是指紧贴海岸陆地发育的珊瑚礁，也称裙礁；堡礁分布在距岸边有一定距离的堤状珊瑚礁体，堡礁与海岸之间可形成潟湖；环礁位于海岸外围，是海面上呈环状或马蹄状分布的珊瑚体，被环礁包围的海域也可成为潟湖。环礁一般认为是包围岛屿的珊瑚礁，随着岛屿沉没入海而珊瑚继续在原来的位置向上生长，以后又露出海面而成。珊瑚最宜生长在水温 18 ℃～30 ℃、盐度 27‰～40‰ 的海水中。在不适于珊瑚生长的海区出现的珊瑚礁，如在温带海区出现的珊瑚礁，一般说明那里的区域气候曾有过明显变化，或由于地壳的水平运动，珊瑚礁由原来适于生长的海区移动到了现今不适于生长的海区。我国南海地处亚热带气候区，在南海诸岛包括东沙、中沙、西沙、南沙四大群岛和黄岩岛等均为珊瑚岛。其中仅南沙群岛就有 230 多座珊瑚岛、珊瑚礁和珊瑚滩，成为中国珊瑚岛礁数量最多、散列范围最广的岛群。我国珊瑚岛面积占全国岛屿总面积（约 8 万平方千米）的 4.8%。

到过海南岛的人，在海边都见过宽度不一的绿油油的红树林沿海岸茁壮成长，形成一条望不到头的绿色长城。红树属乔木或灌木，生长在热带或亚热带的海岸，要求海水温度在 25 ℃～28 ℃。它生长和扩展速度很快，因为它的根系特别发达，根系中分为主柱根和呼吸根两种，盘根错节交织在一起，形成密不可分的支撑体系。涨潮时，下部根系被海水淹没，仅露出绿色树冠在水面上；退潮时，成片的红树林出露在淤泥滩上，构成海岸的绿色屏障。随着海滩淤泥的不断沉积延伸，红树林也不断繁殖扩展，一片壮观的红树林由此形成。红树林的生长与气候密切相关，同属热带和亚热带气候条件情况下，地区性气候变化差异很大，一年四季的气温变化也不尽一致，从而影响红树林的生长，如海南岛东岸文昌一带的红树，在温热的海水中轻而易举地撑起 15 米高的树冠；可是到了广西山口一带的红树，只能长到 5 米；到了福建泉州湾，红树仅为人体高度；再往北到了福鼎沙埕港，在凉爽的海水中红树萎缩得仅有几十厘米高了！从杭州湾以北的漫长淤泥质海岸，就见不到一棵红树了，只有低矮的水草在海滩上随风飘动。

　　珊瑚礁海岸和红树林海岸构成的生物海岸，是世界海岸中的一道独特风景线。生物海岸柔性好，对海浪起到缓冲作用，逐步消耗海浪的能量，其抵御海浪侵蚀的能力远强于陆地海岸。所以生物海岸的坍塌和变线情况很少发生，是理想的海岸保护使者。

　　生物海岸还是海洋生物的觅食场所和海鸟的栖息地。珊瑚礁海岸是浮游生物常来常往的地方，也是软体动物和贝壳类海洋生物的聚居之地。红树林则是海鸟出没的场所，尤其是退潮时，成群结队的各种海鸟穿梭于红树林的根部淤泥质海滩上，觅食小鱼、小虾、小虫。有些海鸟专门在海潮漫不着的红树冠中，筑巢生儿育女、传宗接代呢。

（甘德福）

生物的寄生现象

～～～～～～～～～～～～～～～～～～～

　　"冬虫夏草"是一种名贵的中药材。有人说它冬天是虫，夏天变成了草，其实并非如此。实际上这是一种真菌寄生现象。寄生是生物生存的一种方式，生物界的寄生是多种多样的，概括起来约分如下几类。

　　动物寄生在动物体上，如虱、蚤、臭虫、疥癣虫等，都是体外寄生虫；蛔虫、钩虫、绦虫等都属于体内寄生虫。寄生虫一般以寄主的毛发、羽毛、皮屑为食，鸟虱、臭虫等吸寄主血。体内寄生虫分别在寄主肠壁、循环系统或在淋巴系统给寄主造成各种疾病，如胆道蛔虫症、血吸虫病、血丝虫病等。

　　植物寄生在植物体上，如麦锈病、黑穗病、黑腐病等囊子菌寄生在农作物的叶、茎、穗、根等部位，吸取寄主的营养而引起疾病，给农业生产造成损失。有些植物不含叶绿素，不能进行光合作用以自制有机物，所以必须寄生在其他的生物或它们的遗体上，吸取现成的有机物养分以维持生命。如野菰寄生在芒或蘘荷等的根上，奴草寄生在苦槠属植物的根部，吸收水、糖和无机物，作为自己的营养。这些完全依赖寄主获取养分的植物，叫作全寄生植物。又如菟丝子是一种无根的蔓草，经常缠绕在河岸、河堤及路旁的树木或草上生长。菟丝子的本体是由铁丝般细长的茎构成，茎非常细，呈鳞片状。无毛的茎呈淡黄色或带紫褐色。菟丝子的种子约有三毫

▲ 菟丝子花

米长，在秋天结实，到明年春天始发芽，它会一边生长，一边进行不规则的回旋运动。如果在附近发现不到寄主，籽苗就会枯死。幸运地碰到寄主的菟丝子，会很快地旋卷在寄主的茎叶上，并将寄生根插入寄主。籽苗着生成功后，开始繁衍蔓生，急速地成长，茎总长度可达1 600米，可见繁殖力之强。菟丝子所需营养都依赖寄主供给。由于繁殖力特强，往往使寄主不胜负荷而枯死。当然，到那时菟丝子本身也会随之而死。

在寄生植物中，也有含叶绿素而且能自行光合作用者，诸如槲寄生。它们靠自己的光合作用制造的养分不够维生，因此必须过寄生生活，从寄主获得水或无机盐以补充养分。像这种能自行合成有机物，却又必须另外从寄主处补充养分者，叫作半寄生植物。

檀香树也是半寄生植物。它们终年常绿，但只在幼小树阶段能独立生活，长大之后，如果在它的身旁不种上别的植物，它就生长不良，原因在于自生养分不够，一般长到 8～9 对叶片时，养料就用完了。这时，它自己根系上长出珠子状吸盘，紧紧地吸附在它身旁的植物根系上，吸取养分维生，这种半寄生植物对寄主植物是有选择性的，如常春花、栀子等。

动物寄生于植物者，如蚜虫、金龟子、猿叶虫、园虫以及鳞翅目的幼虫等，啮食植物的幼芽、叶，毁坏植物的根部，使植物受到很大的损害。五倍子虫是一种特殊的蚜虫，寄生在漆树科盐肤树的叶柄或枝条上，植物组织受到刺伤，产生虫瘿（五倍子）。五倍子可以作染料或药用。

植物寄生于动物身上，"冬虫夏草"就是实例。冬季，虫体蛰伏在土中，真菌植物的孢子侵入虫体，并且生长发育，使虫体内充满菌丝。一到夏天，菌丝常常由虫的头部长出，产生孢子。因为它的形状犹如枯草，故称"冬虫夏草"。在云南、西藏一带较多见。又如人们利用杀蝇虫寄生在苍蝇体内，作为生物防治。

许多寄生物的寄主不止一个，在某个生活阶段寄生在一种寄主体内，另一阶段又寄生在别种寄主身上。如血吸虫病，就有河中虹螺和人体两个不同阶段的寄主。一般来说，寄生物需要具有某些生理上和构造上高度特化的机制与结构，以便从寄生植物或动物身上吸取养分。它们在演化过程中，形成了复杂的关系，使寄主不会立即死亡，不然寄生物也无法生存。这在自然界中是一个复杂而有趣的种间关系问题。

（陈　彬）

生物界的濒危与灭绝

～～～～～～～～～～～～～～～～～～～～～

20世纪是人类有史以来创建最多、破坏最大、损失最重的时期。全球淡水、能源和森林资源急剧减少；水土流失；沙漠化面积不断扩大；大气污染和生态环境日趋恶化；生物物种大量灭绝或濒于灭绝。

如果说地球以往还能从容庇护人类生存的话，那么现在已经显得力不从心，每年的洪涝、干旱、沙尘暴、酸雨、地震给人类带来了数不尽的灾难，大自然已经在报复人类了，并愈演愈烈。所以人类的家园——地球，不得不依赖人类的尽心保护了。如果说恐龙的灭绝是由于自然环境恶劣造成的，那么现今我们所看到的动植物将来也会灭绝，而人类可能是主要的罪魁祸首。

人类对自然界不知节制的贪婪索取和私心物欲的恶性膨胀，导致大量生物资源特别是野生动植物资源以惊人的速度锐减，有些相继灭绝。就植物而言，每年被砍伐的热带雨林面积高达 11.3 万平方千米，即每分钟地球上便有 0.2 平方千米的热带森林被毁。如此发展下去，几十年后，许多发展中国家的森林便会消失，而森林内所有物种也将同归于尽。在经济发达的欧洲，一个世纪以来已有 1/10 的植物种类消失了。动物的灭绝速度更是惊人。1 600 年以来，90 多种鸟类消失。20 世纪 90 年代初期，世界上 9 000 多种鸟类中，至少有 1 000 余种生存受到威胁。20 世纪末，现存物种已减少 15% ～ 20%，这种人为的物种灭绝速度比其自然的灭绝速度快 1 000 倍，如不加以制止，物种灭绝速度将从现在的每天灭绝一种发展到每小时灭绝一种。优质木材、宝贵的药材和珍稀动物资源都将消失，大自然灾难性报复将会降临。

经人类之手遭受灭顶之灾的物种很多。曾经栖息在非洲马达加斯加岛上的渡渡鸟，身长有 1 米，体重可达 20 千克，是失去了飞翔能力的一种鸟类。自从渡渡鸟的肉成为人类餐桌上的佳肴，在不到 200 年的时间里，这种鸟被人类消灭得干干净净。北美洲的旅鸽也经历了同样的命运，只不过灭绝的速度更快。当年，在美国和墨西哥之间大约有 90 亿只北美旅鸽在自由翱翔，不绝的枪声响彻天空，不但人吃，还用来喂猪。到 1914 年，这种鸟类只剩下一只标本陈列在博物馆。另外如美国的野狼、美洲野牛、北美麝香牛、澳洲的有袋类和单孔类动物等都处于濒临灭绝的边缘。近来，有人统计过，由于人类的活动，危及脊椎动物生存的约有 505 种，其中爬行类

帝雉 ▶

10 种，如马来亚蜥、中国扬子鳄等；鸟类 289 种，如朱鹮、黑颈鹤、台湾长尾帝雉；哺乳类 206 种，如老虎、非洲沙地猞猁、牙买加热带海豹、北太平洋海象等。

我国地域广阔，由于气候、地形变化的多样性，动物种类丰富。在全国范围内有脊椎动物 4 400 多种，占世界总数的 10% 左右，其中兽类 450 种、鸟类 1 244 种、爬行类 320 多种、两栖类 210 多种、鱼类 2 200 多种。许多是珍稀特有物种，如大熊猫、白鳍豚、金丝猴、黑颈鹤、扬子鳄等 100 多种主要产于中国。

然而，对野生动物资源的盲目滥用所造成的严重破坏，加之自然界的变化和人为活动，如战争、资源开发、人口增长及农村城市化等造成环境的破坏和污染，使原产于中国的野马、高鼻羚羊、麋鹿等十余种动物在野外已经绝迹，而大熊猫、长臂猿、野象、白鳍豚、朱鹮等几十种野生动物正面临灭绝的危险。一些地区的乱捕滥猎，使许多野生动物的数量、分布范围正在日益缩小。值得一提的是白鳍豚，它是世界上仅有的两种淡水豚之一，生活在长江里，是我国特产一级保护动物，有"水中熊猫"之美称。其身体呈纺锤形，雌性体长 253 厘米，重 237 千克；雄性长 216 厘米，重 125 千克，喜欢 5～6 只集群，在水质条件好的沙洲、河湾处活动，两年繁殖一次，每胎 1 仔。现在虽严禁捕猎，但由于河道交通繁忙，经常会被轮船的螺旋桨打伤致死或被鱼钩、渔网误捕，估计野生白鳍豚数量已不足百头。由于它在水中生活，即使用克隆技术，难度也较大。白鳍豚预计在近 30 年内灭绝。设法挽救这一物种已刻不容缓。

　　生存、变异和灭绝是物种演化的三个原动力。如果地球上曾经出现的物种都不会灭绝，那么这个世界必将非常拥挤和混乱，而且也不会有多余的空间来接纳新生命。所以从七亿年前到今天，地球像一个永不落幕的生命舞台，许多生物诞生之后，活跃了或长或短的一段时间便灭绝了；有少部分适应力较强的，就存活下来，或是继续演化，繁衍出更多的种类。我们提出保护野生动物和植物资源，是为延长它们的生存时间，更好地为人类服务。至于人类很可能也终将灭绝，成为将来其他生物所研究的化石标本。

（陈　彬）

自然界的色彩

~~~~~~~~~~~~~~~~~~~~~~~~~~~~~~~~~~~~~~~

　　自然界的光是由红、橙、黄、绿、青、蓝、紫等七种色光混合组成的，这些光都来自太阳。太阳不断以光的形式放射出能量，不仅给地球带来光明、色彩，也带来了温暖和万物生长所需的能量。

　　光是一种电磁波，它的速度每秒三十万千米，是波长在二万五千分之一厘米到一万五千分之一厘米之间的电磁波。我们的眼睛能以颜色的形态识别的这一部分电磁波称为"可见光"，也就是日常所说的光，它正是色彩的来源。

　　通常我们看到物体的颜色，是光线照射到物体之后，一部分被物体表面吸收，其余部分反射出来，进入我们的眼睛，由视网膜接收，将讯息传送到大脑而感知的。所以一个物体所呈现的颜色由三个条件形成：光、物体的特性以及人的视觉。不同的物体对于不同波长的光具有吸收、反射和透射等不同反应，因而显现出物体不同的颜色与透明度，同时物体的后面也形成了光彩与阴影。因此，蓝天、绿树、黑发、红衣，都是此时此地物体与太阳光相互作用的表象。

▲ 吸引色

动植物的颜色虽然千变万化、多彩多姿，但这些颜色几乎都是由几种天然色素在生物体内调配以及和其他化学物质反应的结果。天然色素不仅是动植物颜色的来源，更是许多重要的生物机能所不可缺少的物质。最重要的天然色素有：

叶绿素：是植物体含量最多，也是最重要的一种色素，多存在于植物体的叶片和嫩枝内。它是植物体内光合作用，吸收太阳能以生产生物所需的食物，并使树叶呈绿色。

类胡萝卜素：是一组红、橙和黄色的色素，分成胡萝卜素和叶黄素两大类。类胡萝卜素普遍存在于植物的根、茎、叶及花果中，使植物呈现鲜艳多变的色素。当动物食用含类胡萝卜素的植物后，有些会水解成维生素甲以维持健康，有些会集中在有机体中累积而成叶黄素如鸡蛋黄。类胡萝卜素使花呈现橙色、黄色。

黑色素：是动物最重要的色素，存在于动物体的皮肤、毛发，也存在于部分人类眼睛的虹膜上，是形成人类肤色、发色以及眼球颜色的最重要色素。某些人或动物缺少黑色素时，全身呈现白颜色，我们称之为"白化"。白化病是一种先天性的遗传病，是缺少促进色素合成的酶，即酪氨酸酶，不能使酪氨酸变成黑色素而引起的。

花青素：有些叶子变成红色，是叶子在凋落前产生大量的红色花青素的结果。花青素使花呈现红色、蓝色及紫色素。高山植物所受紫外线特别强烈，会大量产生类胡萝卜素和花青素，所以花朵特别鲜艳。

血红素：是血液的一种成分，是人和多数动物的携氧色素。它使血液呈现红颜色，如人嘴唇呈红颜色来源于血红素。

自然界中许多动植物为求得生存、觅食、休息、避敌，都必须有适合的生存环境，动物除以其身体结构、行为动作等来保护自己外，许多动物会利用其身体的颜色来伪装、躲避和吓退敌人。所以动物的体色有多种功能，如隐蔽、警戒、拟态和吸引。

隐蔽色：如竹林中的竹叶青蛇，体色呈青色，挂在竹子上，其他动物很难发现它。由于它隐蔽得好，反而很容易攻击敌人，捕获猎物。

警戒色：那些有毒的蛇和蝴蝶或具臭味的动物，会用鲜艳的颜色来警告敌人不要来侵犯，以吓退敌人。

拟态：如竹节虫的体态和颜色与其栖息的枯竹子或树干完全一样，使鸟类等食虫动物不易发现而生存下来。

变色：动物体本身的羽毛或皮毛随着季节的变化和环境的变化而发生变色，如北极地区的雪兔和东北的雪鸟，当冬季来临，体色由褐色变成白色，便于在雪地生存。变色龙随环境而随时改变体色来适应环境。

引诱色彩：如雄性孔雀开屏时，其尾上复羽特别艳鲜，这是春季发情期用美丽的羽色来吸引雌孔雀，起到求偶的作用。许多一雄多雌制鸟类中雄鸟毛色均比较多彩，是为了争斗或吸引雌性。

（陈　彬）

征服天空的生物

~~~~~~~~~~~~~~~~~~~~~~~~~~~~~~~~~~~~

　　过去有人想给自己装上翅膀，希望能腾空起飞，当然以失败而告终。因为人的身体结构根本不适合飞行，人只能制造出各种简单到复杂的飞行器，飞越大洋，遨游太空。但在自然界中，有许多生物经历了千百万年的演变，身体结构已适合于飞行。早在恐龙时代的翼龙成功地翱翔于两亿年前的天空。翼龙的翼和蝙蝠的翼类似，是由皮膜连接上肢爪而形成的，但翼面只由一根超长的指骨张成，因此显得比较脆弱，没有龙骨，缺少强大的飞行肌，所以它只能滑翔。

　　昆虫的飞翔历史比鸟类早一亿五千万年。昆虫体型小、有外骨骼、强大的生殖力以及适应生活环境的身体结构等使其在自然竞争中具有优势。重要的是，多数昆虫有翅膀，具有飞行的特殊天赋，因而容易觅食和避敌。

蝙蝠是唯一真正能飞的哺乳动物，它的翅膀是由细长的四指张开的薄膜构成，上有皮毛。有的蝙蝠的飞行能力可与鸟类媲美。蝙蝠在夜间活动，靠超声波定位飞行觅食，白天倒挂在树干或洞壁上休息。

而真正称霸天空的应属于鸟类。关于鸟类的起源，学术界对始祖鸟是认可的。鸟类的祖先是爬行类，但鸟类要向空中发展，它的身体结构必须先经过改变。

▲ 始祖鸟

我们以鸽子为例来说明鸟类对飞翔生活的适应。首先鸟类具有高而恒定的体温（37 ℃～44.6 ℃），减少了对环境的依赖性，恒温是产热和散热过程的动态平衡，扩大了鸟类生活和分布的范围。其次鸟类的身体呈纺锤形，体外覆盖羽毛，具有流线型的轮廓，从而减少了飞行中的阻力。鸟类颈长而灵活，躯干紧密、坚实，尾退化，后肢强大，都与飞行密切相关。前肢变成翼，后肢具四趾，这是鸟类外形上与其他脊椎动物不同的显著标志。从皮肤看，鸟类皮肤的特点是薄、松且缺乏腺体，薄而松的皮肤，便于肌肉的剧烈运动。鸟类的皮肤外面具有表皮所衍生的角质物，如羽毛、角质喙和鳞片等。羽毛生长在体表的一定区域内，称羽区和裸区。羽衣的主要功能是保持体温，保护皮肤不受损伤，使外廓更呈流线型，减少飞行时的阻力，有的羽色成为保护色。羽衣构成飞行器官的重要部分——飞羽和尾羽。羽毛的功能和构造如下：正羽是披覆在体外的大型羽片，翅膀及尾部均有一系列强大的正羽。正羽由羽轴和羽片构成。羽轴下段为羽根，插入皮肤内。羽片由许多细长的羽枝所构成，羽枝两侧又密生有成排的羽小枝，羽小枝上着生钩突，使相邻的羽小枝互相钩结起来，构成坚实而具弹性的羽片，以扇动空气和保护身体。

从骨骼看，鸟类适于飞翔生活，骨骼系统方面有显著特征。骨骼轻而坚固，大骨腔内具有充满气体的腔隙，头骨薄而轻，有蜂窝状小孔，解决了坚实和轻便的矛盾。前肢异化成翼，手部骨骼（腕骨、掌骨和指骨）的愈合和消失使翼的骨构成一个整体，扇翅有力。鸟类手部生一列飞羽（初级飞羽），是飞翔的重要羽毛。

鸟类胸肌发达，占体重的1/5，附着在胸骨上，通过特殊的联结方式而使翼扇动有力、持久。鸟类呼吸系统特别，有非常发达的气囊系统与肺气管相连通。气囊广布于内脏、骨骼和某些运动肌肉之间。气囊使鸟类能进行双重呼吸，即在吸气与呼气时肺内均可进行气体交换，使飞行时有充足的氧气消耗：因鸟飞行时比休息时耗氧高21倍之多。气囊还可减轻身体的比重，减少肌肉与内脏间的摩擦。

根据柏努利原理，鸟类的翅膀上凸下平，飞行时翅膀下方气压高于上面的气压，有个把鸟翼向上的推力，这个力大于鸟本身重量，即能克服地心引力。不论昆虫、鸟类和飞机，都必须有一个比本身重量大的升力，以抵消引力，才能被推上空中。鸟类的小翼羽必要时形成风孔，使气流保持平衡，维持升力。

昆虫、蝙蝠、鸟类身体具有特殊的构造，有膜、翅膀，加上骨骼轻而紧密，还有气囊等适应飞翔生活，使这些生物能够征服天空，自由翱翔。

（陈　彬）

恐龙时代

～～～～～～～～～～～～～～～～～～～～～～～

　　恐龙是由中生代三叠纪（二亿四千万年前到二亿年前）的槽齿类爬虫演化而来的。根据骨盘的结构，将恐龙分为两大类。①龙盘目：骨盘结构和蜥蜴的骨盘类似。其耻骨前伸，与坐骨分开呈一个角度。②鸟盘目：骨盘结构与鸟类的骨盘类似，其耻骨后伸，与坐骨平行。但现今的鸟类与鸟盘目没有亲缘关系，而是由龙盘目恐龙的一支演化出来的。

　　由于恐龙在六千五百万年前就已全部灭绝，研究恐龙须从化石着手，在考古挖掘的工作中，从各个方面采得有用的线索。骨骼化石可用来拼凑恐龙实体的骨架。完整的尸骸印痕，有助于直接提供恐龙的体型、外貌及结构比例。牙齿的形状及其磨损情形，有助于判断恐龙的食性。肌肉与表皮碎片，可供判断它的外貌，因死去的恐龙在干旱的环境下脱水，其肌肉和表皮有可能像木乃伊一样保留下来。足迹印痕可以透露它的脚部结构、行走姿势及体重方面的信息。恐龙所产的卵和排泄物，可判断它的生殖方式、食性与居住习性。此外，和恐龙化石一起出现的其他动、植物化石也很重要，有助于了解当时生态环境。据目前化石出土的记录，恐龙的足迹几乎遍及全球陆地各个角落。热带、寒带、沼泽、沙漠，均有恐龙分布。当然现在化石出土的地方的气候和恐龙时代的气候并不相同。中国也是恐龙的家乡。恐龙时代同样有弱肉强食的生存斗争。

大型的肉食性恐龙多半活跃于八千万年前到六千五百万年前之间。它们的前肢退化，以强壮的后肢直立奔走，牙齿尖利，擅于撕咬。如生活在北美洲大陆的暴龙是食肉性恐龙的代表，体型大，身长14米，站起来有5米多高，往往会攻击三角龙、鹅龙等食草恐龙，只要暴龙一出现，平静的森林就会变成屠场。又如肉食性的恐爪龙身长约4米，锐利的牙齿和血盆大口是它攻击敌人的利器，后腿上有一个特别长的爪子，能够攻击猎物。

长颈龙是二亿年前活跃于海边的蜥蜴类爬虫。当时欧洲大部分处于浅海环境，长颈龙以其钓竿一样的长颈，趴在岸边，把头伸到水中去捕食鱼类。

节龙身长有15米，性情凶猛，行动迅速，除吃鱼之外，也吃其他的爬虫类。

蜥鸟龙在八千万年前活动于蒙古地区，身长2米，灵活轻巧，强有力的后腿善于奔跑。它有大而圆的眼睛，

恐龙标本 ▶

能适应昏暗环境，常在黄昏时出来猎食小型哺乳类。

蛇颈龙成为中生代海洋中的霸主，但像海龟一样，也上岸产卵，靠太阳热能孵化。

再说食草的恐龙。一亿四千万年前的北美洲，由于气候温暖潮湿，适合植物生长，蕨类植物茂密，为草食性恐龙提供了充足的食物，同时也使有些恐龙体型变大。如雷龙身长可达 21 米，重 30 吨，是巨型草食性恐龙的代表。巨大体型有助于维持体温，也可吓阻肉食性恐龙的攻击。

剑龙是草食性大型恐龙，身长 7 米左右。它用尾巴上的长刺挥击前来侵犯的敌人，背上的骨板则用来吸收太阳的热量，以迅速温暖身体。

三角龙外形像犀牛一样，生活在七千万年前的北美洲，体长 9 米左右。三角龙嘴部前端有角质喙，可以截断树枝和草茎，再用颊齿磨碎吞食。它用犄角自卫，额上向后突出的骨板则用来保护颈部。

刺甲龙体长 6 米左右，约一亿年前生活于蒙古地区，是性情温驯、行动缓慢的草食性动物。但它的两颊、头部、颈部及背上的表皮鳞片已经硬化成厚甲，有些突起如锥状，用以吓退敌人。尾部有两个圆肿大硬瘤，在大力挥扫之下，像流星槌一样痛击敌人，是有力的武器。

高棘龙只有 2.5 米左右，牙齿平短、嘴巴很小，没有足以攻击和自卫的武器。最大的特点是以强壮的后肢奔跑，时速可高达每小时 80 千米，能有效地逃避敌人。

盔龙属于鸭嘴龙科，约七千五百万年前生活于加拿大。个体达 10 米长，头上有一个盔状头冠，内有复杂的呼吸管道贯穿鼻孔与口部。用无齿的喙咬断茎枝，利用颊齿来嚼碎植物；没有攻击利爪，靠敏锐的视觉和嗅觉来侦察敌人，并用头冠发出鸣声，呼唤同类逃走。

恐龙的种类很多，这里只能简要介绍几种食肉性和食草性代表。恐龙的体型大小也相差悬殊，最大型的像腕龙，体长 25 米，直立时高达 18 米左右，重量约四五十吨；最小的细颚龙只有 70 厘米长，几千克重。

恐龙的分布区域广泛，生态环境也多样化，陆地上、海水中都有，还有在空中飞翔的翼龙类。

（陈　彬）

跳出动物圈的人类

〜〜〜〜〜〜〜〜〜〜〜〜〜〜〜〜〜〜〜〜

　　人类与现代的类人猿（长臂猿、猩猩、大猩猩、黑猩猩）都是由共同的祖先——一种古猿演变发展而来。这种古猿在新生代第三纪大约距今六千多万年的时候，成群地生活在气候温湿地区的茂密树林中。以后，造山运动发生，气候变干燥，森林变稀疏。古猿中的一部分迁移至条件合适的新森林区去生活，逐渐进化为现代的类人猿即猩猩等。古猿中的另一部分仍留在原地生活，没有迁移。随着气候日益干燥，森林减少，这些留居的古猿不得不从树栖转到地面上来求生存，逐渐发展成为人类。有关人类进化的历程，根据形态比较和物质文化水平可分为早期猿人、晚期猿人阶段（猿人阶段），早期智人（古人阶段）、晚期智人阶段（新人阶段）。

　　第一期：早期猿人阶段。1924 年在南非的更新世早期地层中，首先发现了南猿的化石。其中进步类型，称为"能人"，大约生活在距今300～150万年前。他们体长不高，约有150厘米左右，有较大的脑容量（约现今人类的一半）。"能人"能敲击砾石边缘，制成非常简单的粗糙工具；可宰割兽皮，用树枝作掘土工具，找地下根茎食物。他们以小团体群居一处，白天在草原上寻觅食物，晚上隐蔽在树林中，以果实、种子为食，偶尔捕食

▲"露西"的复原标本

小动物和兽尸，与族人分享食物。分食的行为在人类社会中是一件重要的事。令人兴奋的是1975年，美国考古学家约翰森在非洲衣索匹亚发现了一副成年女性人猿的骸骨，定名为"露西"。经鉴定，认为她是生活在三百万年前的一种阿法南猿，身高约1米，从足迹化石佐证她是以两脚直立行走的，很可能是人类的直接祖先。

　　第二期：晚期猿人阶段（猿人阶段）。距今大约一百五十万年到三四十万年前，相当于旧石器时代的初期。化石出土于坦桑尼亚、阿尔及利亚、摩洛哥、德国、印度尼西亚、爪哇以及我国周口店（北京猿人）和蓝田等地。他们和以前的人种最大不同是能够两脚挺直站立，故学术界把这一时期的猿人化石称为"直立猿人"。直立

人的身高、体型和现代人差不多，但头颅仍比较像猿类，脑容量大概只有现代人的一半左右，但已相当聪明机智。他们已经能够从事技术性的狩猎，出现了一种新的石器文化，称为阿歇尔文化。学者推论，直立人趁着冰期气候较暖和的年代，很早就从非洲向北迁徙，再分别向欧洲及亚洲移居，途中采集植物果实及狩猎。这时期的"北京人"属于直立人，大约50万年前居住在中国北方。和非洲的直立人相比，脑容量较大，头颅既高且圆，眉上脊较小；石器加工已经达到相当程度，并且懂得用火，有利于从素食转向肉食。

第三期：早期智人阶段（古人阶段）。包括更新世中期之末和更新世晚期之前的人类。在德国发现的尼安德特人（简称尼人），我国广东发现的马坝人、湖北发现的长阳人、山西发现的丁村人，均属于本阶段的人类化石。"尼人"距今约二三十万年到五万年前，体型短小精悍，头骨比现代人长、额较平，上、下颚明显地突出，脑容量比现代人略小一些。"尼人"过集体生活，住洞穴或用兽皮在树枝上做成帐幕。一部分人外出狩猎，另一部分人守营地制作工具，用牙嚼揉兽皮、用牙齿处理皮革，与闻名的爱斯基摩人的牙齿磨损方式相似。他们开始有葬礼的行为，并会用菊科植物和麻黄等治病，可能已经开始懂得编织渔网来打鱼。

第四期：晚期智人阶段（新人阶段）。包括更新世晚期之末直到现在的人类。在德国发现的克罗农马人（简称克人），我国广西发现的柳江人、内蒙古发现的河套人、北京周口店发现的山顶洞人、四川发现的资阳人，都是本阶段的人类化石。他们身上的古猿形态已基本消失，已和现代人区别不大。体型较为粗犷，脑容量和现代人大致相等，不过在骨骼构造上略有差异，现代人种族间的差异似乎在那个时代已经存在了。"克人"住在西欧的洞穴中深处，在岩壁上留下精彩的动物画像。这些壁画可能具有祈求猎获动物的巫术意义，说明人类早已在艺术上有所发展。从尼安德特人到克罗农马人，人类最大变化是从狩猎采集的迁移式生活，转而定居在一个地方，以耕种、养家畜为生。这个转变使人类的社会结构、物质条件、工具文明和艺术表现有了全面的进步。

从猿到人是一个漫长的过程。从树栖转到地面，学会了直立行走，这是决定意义的一步。再从手、足分工，到用手创造劳动工具，在劳动中脑逐步发达。手、脑、语言等都是劳动的产物，劳动创造了人类本身，劳动创造了人类光辉的文化。所以说，劳动使人类跳出了动物的范畴。

（陈　彬）

开展观鸟旅游

~~~~~~

　　旅游业正在迅速发展，但人们大多游览名胜古迹、风景点，或去城市观光。其实，不妨去一些鸟类自然保护区观鸟，在林区边缘早晚听听各种鸟类的鸣声，在湖滩上观看数以千计的鹤觅食、跳舞，白鹳捕鱼，以及数万只大雁起飞时遮天蔽日的壮观景象。这里介绍几个华东地区比较著名的鸟类风景点。

　　第一个景点是江苏盐城新洋港地区，即丹顶鹤越冬地。

　　丹顶鹤是我国一类保护动物。春季在东北黑龙江扎龙等地繁殖，冬季一部分飞到日本越冬，而另外一大部分来苏北盐城地区越冬，主要分布在沿海一带的滩涂，如响水、灌云、射阳、大丰、东台等地；少数鹤在内地湖荡沼泽地带越冬。在新洋港滩涂上，丹顶鹤越冬群数量相对较大，约有数百只，活动比较集中。在这些滩涂上长着芦苇、茭草、香蒲、野荸荠、莲等水生植物，浅水中还有许多鱼、虾、螺、蚌等，为鸟类越冬提供了丰富的食物。

每年从十月下旬开始，丹顶鹤和灰鹤来此越冬。

越冬的丹顶鹤以家属群为单位，3～4只一群，在滩涂上活动，每天早晨7时左右开始觅食，吃幼嫩的草根或地下茎及螺、蚌等无脊椎动物。早晚是它们的觅食高峰时期。你可看到个体略小，体羽白中夹灰褐、初级飞羽黑中显灰的当年幼鹤。4只小群中，尾随其后一只往往是二龄的亚成体。在觅食活动中，成鸟还会给幼鸟喂食，当然幼鸟主要是自己找食吃。在觅食活动中，丹顶鹤的警惕性很高，不时抬头瞭望，受惊就会鼓翼起飞。在草滩上还有大鸨、雁、野鸭、天鹅、鸻等鸟类在此越冬，它们分别在不同生态位觅食，互不干扰，有时还能看到哺乳动物鹿科獐在草滩上奔跑。

第二个景点是浙江舟山群岛的东极岛等地。人们欢喜去普陀朝拜佛祖、游寺庙，或在沙滩游泳等，很少有人去海岛上观鸟。在定海本岛外一些无人居住的面积较小的荒岛上，有大量海鸟繁衍生息。大批黑尾鸥和白鹭每年 3 ～ 8 月份在此繁殖，在东极岛外某个小岛上，有成千上万只东方小燕鸥和褐翅燕鸥在草丛中营巢产卵。鸥类的巢很简陋，就在草丛或凹陷的泥沙地，或石缝之间筑巢。黑尾鸥的蛋有鸭蛋大，青石灰色，具不规则褐斑。白鹭把巢筑在低矮的灌木丛中，每年有很多渔民上岛拾鸟蛋，导致鸟资源损失很大。在海岛上观鸟，鸟近在咫尺，人可接近到 20 米左右，因巢的密度很大，游客可直接摸到鸟蛋和幼鸟。

第三个景点是浙江西天目山。天目山本身就是个旅游风景点，人们来此往往只是休闲避暑、爬山观景，很少注意到这里是许多留鸟和夏候鸟的繁殖地。在林区和农田交界的边缘地带，每年春夏之际，你可听到杜鹃昼夜不停地鸣叫，灰卷尾的鸣声，早晚有斑鸠啼鸣、喜鹊的欢叫。如果在天目山停留 2 ～ 3 天，你可观察到 30 种以上的鸟类，另外还可观察到许多两栖爬行动物和无数的昆虫，有兴趣收集一些昆虫标本，亦是一种乐趣。

第四个景点是江西鄱阳湖候鸟保护区。鄱阳湖位于长江中游的南岸，是我国最大的淡水湖，它汇集赣江、抚河、信江、饶河和修水五大河流，北入长江，形状如葫芦。河流每年挟带大量的泥沙，淤积在水流平缓处，形成许多滩地和水深约 30 厘米的浅水区。湖区气候温和，雨量充沛，冬季平均温度在 4.7 ℃左右；湖滩水草茂盛，鱼、虾、螺、蚌丰富，为水鸟越冬提供了充足的食料。

据调查，鄱阳湖地区的鸟类有 150 种之多，当然其中许多是分散的雀形目鸟类、夏候鸟和留鸟，但去鄱阳湖主要是观察越冬大型涉禽和水禽。这里有数以千计的白鹤、白枕鹤、白头鹤、灰鹤及白鹳、黑鹳、大鸨、小天鹅，还有数万只鸿雁、小白额雁、斑嘴鸭、绿头鸭、针尾鸭、黄鸭、罗纹鸭等。这些鸟类大多属于国家一级、二级保护动物，有的还属于濒危物种，如黑鹳。这些越冬鸟类主要分布在大湖池、蚌湖、大汊湖、梅西湖等几个自然湖泊及草滩上。

白鹤又称黑袖鹤，体形略小于丹顶鹤，全身雪白，嘴和脚红色。白鹤是鹤类中最美丽的一种，是世界濒危物种，国家一级保护动物，在西伯利亚繁殖，冬季 90% 以上来鄱阳湖越冬。在 1981 年冬季只观察到 148 只，经多年保护，现越冬种群已超过 2 000 只以上。它们早晨 7:30 ～ 10:30 在湖区觅食，中午休息，以蚌、螺、植物嫩根为食。白鹤以家族群活动，大多只有一个子女。

鄱阳湖是名副其实的越冬鸟类的天堂。每年的 11 月至翌年 3 月是观鸟的好时光。鄱阳湖候鸟区属国家级保护区。

（陈　彬）

生物钟的奥秘

～～～～～～～～～～～～～～～～～～～～

　　20 世纪 40 ～ 50 年代，那时一般农民家庭是没有钟表的，但有一个特别的方法，就是听雄鸡的啼鸣。五更天，雄鸡第一声叫，人们就知道天快亮了。太阳正当头时，雄鸡第二次叫，此时是中午 12:00 左右。太阳下山后公鸡再次鸣叫，是下午 6:30 左右，这时散放的鸡都会主动回归栅舍。这就是人们常说的生物钟在鸟体内所起的作用。

　　实际上在生物界有形形色色的生物钟。有句谚语"西风响，蟹脚痒"，意思是当十月下旬，寒潮来临，刮起西北风时，成熟的大闸蟹开始从河、湖淡水中向海水中洄游，此时如在水闸处张网，可捕获肥壮的大闸蟹。这实际上是气温、季节变化，促使蟹活动。

　　生物钟有"日钟""月钟""年钟"等。夜鹭白天在栖

◀岩雷鸟每年三易毛色

息地的树枝上休息，傍晚 6:00 ～ 7:00 左右向外飞出，在水稻田或河、沼泽地觅食，第二天清晨 6:00 ～ 7:30 左右开始陆续返回营地。同样夜莺和猫头鹰等白天伏在林中树干上休息，闭目养神，而夜间则频繁活动，捕捉蚊子和老鼠。在江西鄱阳湖考察越冬鸟类生态时，发现各种鸟类一日内和整个冬季活动都相当准时有规律。大雁每天早晨 7:00 ～ 8:00 以 6 ～ 8 只家族群分批从宿营地向草滩飞去觅食。白鹤和白枕鹤约在上午 6:30 左右开始飞来湖边沼泽地觅食。而冰冻湖面上的小天鹅相对迟一点开始吃食，8:00 之前，它们把头颈藏在翼下，在湖面上休息，等太阳升高，相对暖和时才开始头颈向水下，脚

朝上，寻觅水草。珠颈斑鸠在清晨6:30左右啼鸣，这说明鸟类一天觅食活动都有自己的时间表，随着光照长短和温度变化，体内生物钟调节着活动时间。这可以说是"日钟"的表现。据观察，越冬鸟类从12月至翌年2月份活动比较稳定，但到3月中旬开始，又活动频繁，大批开始集群，特别是雁鸭类，成千上万只集中在一起，在3月下旬明月当空的某个晚上会分批起飞，向北迁飞去繁殖地。海洋中有些生物会随着月亮的变化如新月、满月、上弦、下弦而表现出月周期。在太平洋珊瑚礁里，大沙蚕的繁殖过程和月亮的周期变化相呼应。加利福尼亚沿海的棘鳍鱼，都在月圆后的第一次大潮中开始繁殖活动，它们乘着海潮的浪头来到海滩上产卵、排精，到两周后的下一次大潮时，小鱼从卵中孵出，再随海水回到大海。又如大马哈鱼从黑龙江上游产卵，双亲产后死去，幼鱼随流而下回到海里，待几年后，幼鱼长大成熟，又拼命逆流来黑龙江产卵，这就是鱼类生物体内的"年钟"。

就生物本身来说，有饥饿、体温、移栖、换羽、冬眠、生殖等时钟。作为生物类群的人，同样有生物钟表现，当然人体内的生物钟比一般生物体内的生物钟复杂得多。某个只有十个月左右的婴儿，他的两种行为非常准时，一是上午 9:00 左右，不管他原来是在吃东西或玩玩具，每当这时他一定会吵闹不休，手指向门口，此时大人抱着他去户外活动一下，过半小时再回家，小孩就非常安定了。再有一个行为即每晚 8:00 左右，不管房间里有电视音响、灯光、说话声之类干扰，这孩子一定会准时入睡。原来，大人在喂养过程中有意识定时去户外活动和按时熄灯，保持室内安静，在短短几个月中，使孩子形成到时间要出去活动和按时要睡觉的习惯，这应该说是后天培养所形成的生物钟。

生物钟的"发条"在什么地方？不同的生物各不相同。如草履虫细胞核的周期变化是受脱氧核糖核酸控制的。蚕的生物钟，"发条"就是 26 个神经细胞。鸟类和哺乳动物的生物钟，是由脑下垂体分泌的激素控制的，而脑下垂体恰好又长在靠近视神经的地方，所以和眼睛接受的光线有密切关系。生物钟是受激素影响的，而激素又受神经系统所控制。

生物钟是怎样形成的？应该是由遗传因素决定的，主要受生物体内部因素控制，如鸟类的迁徙，当年生的小鸟也会按时迁飞，越冬过后返回繁殖地时，小鸟会比老鸟率先回来。这说明一种鸟的迁飞习性生来就具有，是物种形成时基因决定的。外部因素也有一定的影响，如光照、温度、地磁场等。另外也有由长期生活习惯所养成的某个特定的生物钟时间，如人会定时进行某一行为。这是后天形成的。研究生物钟，可以提供控制生物生长发育的机制。

（陈　彬）

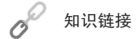

知识链接

生物钟

生物钟又称生理钟。它是生物体内的一种无形的"时钟"，实际上是生物体生命活动的内在节律性，它是由生物体内的时间结构序所决定的。生物钟的存在有极重要的生物学意义，它能使生物与周期性的环境变化相适应，特别是一些对生存和繁殖关系重大的事件，如迁徙、觅食、交配、生育等，以至做出提前安排。生物钟五花八门，多种多样：有和昼夜相适应的日钟，有和潮汐相适应的潮汐钟，还有和地球公转、季节变化相适应的年钟。

植物的净化、指示与监测

～～～～～～～～～～～～～～～～～～

当你离开高楼林立、车水马龙的大城市，来到乡村和名山大川，就会感到心旷神怡。因为这些地方不仅风景秀丽，更重要的是空气新鲜。那么什么样的空气才是纯洁清净的呢？

空气是多种气体的混合物，通常由恒定的、可变的和不定的三部分组成。大气中氮占 78%、氧占 21%、氩占 0.93%，三者占大气总体积的 99.93%。它们和微量的氖、氦、氪、氙、氢等稀有气体组成了空气中的恒定部分，这一比例在地球表面各处相似。

可变的部分指空气中的二氧化碳和水蒸气。在通常情况下，二氧化碳的含量为 0.02% ～ 0.04%，水蒸气的含量为 4% 以下，它的含量随季节和气象条件及人类活动的影响而变化。

红树林 ▶

大气中不定部分来自自然界的灾难性污染，如火山爆发时喷出的灰尘，污染全球。另外还有人类的交通、工业生产所造成的空气污染。

在海滨、林区、山村，空气比例正常，属清净空气，且空气中含有大量的负离子，对人体有特殊功能，被称为"空气维生素"。

空气是维持人类生存的重要环境因素，一个成年人每天呼吸量很大，达 15～20 立方米，约为每天所需食物和饮水量的 10 倍。因此，大气污染对人体危害极大，它常常引发肺气肿、哮喘、支气管炎、肺癌等疾病。

由于城市交通和工业生产，煤、石油和森林大火或火山爆发等已经给大气环境带来了严重的污染。那么怎样来净化、监测大气污染的程度？当然现今科技发达，可以用仪器来测定。但在自然界许多植物对环境有明显的净化和监测作用，也可成为环境污染种类和严重程度的指示性植物。

银桦是山龙眼科的常绿大乔木，它树姿优美，叶呈银灰色，是 20 世纪 20 年代从澳大利亚引进的树种，现已成为南方城市的行道树和工厂区主要的绿化树种。银桦对城市里烟尘和厂区的有害气体有较强的吸收和抵抗能力，虽受煤烟污染，但树叶未见病状。据测定，银桦对氟化氢和氯化氢抵抗性较强，有较高的吸收能力，每 0.01 平方千米银桦林能吸收氟化氢 11.8 千克，每一克银桦树叶能吸收氯化氢 13.7 毫克。银桦对二氧化硫抵抗性也较强，在污染源下风处，其他树种很难存活，而银桦照常生长，盆栽在硫酸车间，仍能新发枝叶。它甚至能抵抗有毒的氯气，在氯气排污口 20 米范围内，盆栽 20 天后的银桦苗木仍能保持绿色树冠，受害叶脱落较少。可以说银桦是"净化空气的能手"，是城镇和工业区良好的绿化树种。

甘蔗是禾本科植物，是人们爱吃的植物，又是制糖的重要工业原料。甘蔗除了吸收土壤中的一些矿物质外，还能大量吸收空气中的二氧化碳，利用率高，夏季能吸入浓度高达几千毫克／升的二氧化碳。生长发育过程中吸入二氧化碳，释放氧气。甘蔗对于一些有害人体的气体，如氟化氢、氯气和氯化氢，也有较强的抵抗性。它还能以造纸厂的废水为肥料，从而减少这些废水造成的环境污染，保护环境。另外许多植物对不同的化学毒气有一定的抵抗作用。如大叶黄杨、皂角、海桐花等植物能抗大气中的氟。

许多植物对各种化学元素有不同的敏感性。如曲芒发草对钙敏感；紫花苜蓿、茉莉对硫敏感；早熟禾、唐菖蒲对氟敏感，柑橘、油松对氯气敏感；甜菜、紫罗兰对溴敏感；黄瓜、洋葱、豌豆对砷敏感；菠菜、南瓜对铜敏感。许多植物对污染的反应，比人敏感得多。例如，当二氧化硫的浓度达到 1～5 毫克／升时，人才嗅到气味，达到 10～20 毫克／升时，才会引起流泪、咳嗽。但是，苜蓿等敏感植物，只要二氧化硫的浓度在 0.44 毫克／升以下，就会出现受害症状。这就可以预报空气中二氧化硫的污染程度。

由于许多植物对化学物质中毒反应敏感性不同，可以监测周围环境中的污染源或污染程度如何。如水杉、悬铃木易发生氟中毒，大叶女贞、耳叶相思易硫中毒，尖叶杜英、苦楝会氯中毒，大麦等会吸铁中毒。利用植物上述特性，人们就可以监测是何种化学物质污染了空气。人们曾利用指示植物桉树耐铀的特性，在科罗拉多高原找到了 5 个铀矿。

那么植物是怎样来监测环境污染的呢？空气中的有害气体，是从叶片上的气孔渗入植物体内的。所以，一旦遇到有害气体，叶片便最先出现各种伤斑。不同的污染气体对植物的伤害不一样，引起的伤斑也不同。如二氧化硫引起的伤斑出现在叶脉间，呈点状或块状；而氟气引起的伤斑，大多集中在叶子的尖端和叶片边缘，呈环状或带状。其他有害气体引起的症状也都不一样。由此可见，植物不仅能告诉我们大气是否被污染，而且大致反映出是哪一种污染。并且植物监测灵敏度是相当高的，如紫花苜蓿对空气中的二氧化硫浓度仅为千万分之三时，就显病态。剑兰的叶子在空气中的氟气浓度仅有亿万分之四十时，在三小时内就会出现伤斑，可见其敏感度之高。

自然界中不仅植物能监测污染，某些动物也能担任这种任务。如利用蜜蜂和它们带回来的物质，测定各种污染物的分布和数量。某些鱼类能监测水污染，如被煤油污染的水源，在此生活的鱼和水鸟体内含有酸，无法食用。以往在化学实验室，最简单的方法是养一只金丝雀或黄雀之类小鸟，一旦笼中鸟精神不振或死亡，说明实验室空气已经受到污染，人必须马上离开，虽然污染浓度人的感官尚未反应过来，但鸟类已经有了症状。

（陈　彬）

 知识链接

能够净化空气的植物

虎尾兰是天然的清道夫，可以清除空气中的有害物质。

芦荟可以美容，净化空气，常绿芦荟有一定的吸收异味作用，作用时间较长。

滴水观音有清除空气灰尘的功效。

米兰是天然的清道夫，可以清除空气中的有害物质。淡淡的清香，非常风雅。

龟背竹是天然的清道夫，可以清除空气中的有害物质。

绿萝是生物中的"高效空气净化器"，原产于墨西哥高原。由于它能同时净化空气中的苯、三氯乙烯和甲醛，因此非常适合摆放在新装修好的居室中。

绿叶吊兰不择土壤，对光线要求不严。有极强的吸收有毒气体的功能，有"绿色净化器"之美称。

桂花可以清除空气中的有害物质，产生的挥发性油类具有显著的杀菌作用。

世界人口

　　给人下一个科学定义至今仍是世界难题，而对人口下个科学定义相对容易。所谓人口（population）是指生活在特定社会形态下（一定地域，一定数量和素质）的人的群体。可见，人口有地域、数量和素质特征。作为社会生活主体，人会在一定时间与空间内，实现自身的生存和再生产。其自然属性表明他是社会生物，有自然生长过程、遗传、变异以及生理机能。其社会属性表明他在一定社会中是社会关系的综合体现者。他既是生产者又是消费者。

　　世界人口在 1000 年时仅为 2.8 亿，1650 年人口已达 5 亿，1850 年上升到 10 亿，1940 年人口达 20 亿，1975 年上升到 40 亿，1987 年 7 月 11 日为世界人口达 50 亿的日子。1991 年世界人口已达 53.84 亿，2003 年世界人

▲ 人口增长促使城市向空间发展，图为美国芝加哥

口为 56 亿。从以上所列年份的人口数可以看出，世界人口增长速度逐年加快。

人口增长主要表现在发展中国家。发展中国家占世界总人口的比重是：1950 年为 67%，1990 年为 77%，2000 年达到 79.5%，2025 年将增至 86.3%。与之相反，世界财富却为占世界人口少数的发达国家所占有。如 1975 年世界经济总产值 4.1 万亿美元，发达国家却拥有 84.1%（人口仅占世界的 27.5%）。人口剧增给广大发展中国家带来的是经济差异日益扩大、贫困地区人口迅速增加、粮食状况进一步恶化、城市人口日益集中、社会经济问题日益尖锐等一系列严重社会问题。

世界人口正在迅猛地增长，人们不禁要问地球到底能养活多少人？这是社会科学家一直关注的研究课题。他们把世界各国各地区人口的负载能力称之为"人口容量"。人口容量取决于：1. 地域食物生产量，这与土地面积有直接关系；2. 一切可能利用资源的蕴藏数量，消费量与生产量；3. 物质的、文化的、精神的蕴藏力。从这三个方面来衡量人口的合理容量。德国学者彭克根据单位面积平均粮食产量、陆地面积、每人平均粮食需要单一性地计测，世界最大人口容量为 159.04 亿人，理想的人口容量为 76.89 亿人。对世界人口合理容量的研究，各国学者的研究目的各不相同，所以得出的数据千差万别，要回答地球能养活多少人的问题为时尚早。

世界人口的快速增长，给人类自身带来的压力不断增加。人类为了生存和发展，需要食物和居所，以至破坏了大片森林或草原。地球上现有森林面积约 0.28 亿平方千米，仅占世界陆地面积的 1/5，而在几百年前，地球上森林面积至少有 0.72 亿平方千米。砍伐林木建造居所，开垦土地栽培植物，其结果是植被被毁、水土流失，栖息森林里的动物种群受到危害。人类为了生存和发展，大量开采自然资源的同时，把大量的生活和生产的废水、废气、废物抛向地球，严重地污染了人类生存的环境。此外，人口的增长还带来就业、教育等一系列社会问题。

对人口增长有绝对意义的是人口的自然增长，即出生人口数减去死亡人口数，就是人口自然增长数，世界上统一以千分率来表示。在各国各地区，不同时期的人口自然增长情况是不同的。如灾荒、战争、文化教育落后、政治动荡、国家有计划控制人口增长等因素，都会减少人口的自然增长。如果经济迅速发展而人民生活水平日益提高，又不控制人口增长时，人口的自然增长率就高，例如，苏联从 1926 年到 1939 年，人口总计增加

16‰。德国从 1891 年到 1900 年的经济增长期内，人口增加 14‰。法国的经济发展期在 1821～1830 年，人口增加 6‰。而经济衰落期的法国（1930～1939 年）人口自然增长率为零，英国同时期为 3‰，德国为 6‰，与这些国家经济上升期相比相差很大。

随着科学技术的进步、市场经济的发展、竞争的激烈、文化教育的提高，人们对生儿育女意义的认识也在不断深入，加上许多国家实行有计划控制人口增长的国策，世界人口自然增长率正在得到有效地控制。

（甘德福）

人类将重新穴居

当今世界已进入信息社会。人类已从登月发展到登上宇宙中的其他星球，庞大的宇宙开发开始了。在人类上天的同时，地球上的人类还将重新回到洞穴中去生活。这不是天方夜谭，而是事实。

随着生产的发展、文明的进步，人类早已告别了过去赖以生活的天然洞穴，聚居于原始村落。接着，他们又告别了包围于绿色世界中的村落，在地上造起了一座座城镇，开始了新的文明生活。随着工业化步伐的加快，人类的生活发生了翻天覆地的变化：城市的规模在膨胀，工厂林立，摩天大楼拔地而起，高架道路纵横交错……

与此同时，绿色世界正在迅速地缩小，农村正在迅速城市化，有限的土地资源正在迅速减少。人们栖身于蜂窝式的大楼里，在水泄不通的街道上擦肩而过。车辆

▲ 法国克罗马努人居
住的洞穴

阻塞、二氧化碳等气体布满了整个生活空间。碧绿清澈
的河流，变成了黑不见底、鱼虾绝迹的臭水沟；花儿变
了色，鸟儿绝了迹。人们开始醒悟过来：原以为文明标
志的大城市，其实是很不文明的，必须寻找新的出路。

　　出路何在？回到大自然中已不可能，人类活动的空
间已越来越窄。于是，人类在接受大自然惩罚之后，总
结人类历史，向空间发展，向地下进军，回到人类当初
生活的摇篮——"洞穴"中去。

　　北京西南周口店龙骨山岩洞，是我国已发现的人类
最早的穴居场所，距今已有 45 万年。古人类选择穴居洞
穴尚有讲究：近水、洞口高而背寒风，洞内较为干燥，
而且居住和活动使用均接近洞口，以便通风采光。

　　古人类在与大自然搏斗中，不断积累经验，也学会
了使用工具。他们为了改善居住条件和贮藏多余食物，
着手选择合适的地方，人工开拓洞穴，进而对洞内外作

一些简易装饰。

人类进入阶级社会之后，在洞穴的开发和利用方面，也出现了进展：在公元前 25 世纪至公元 13 世纪期间，工程巨大的地下庙宇和墓室的建造，如埃及的金字塔和中国历代帝王的陵寝（地下宫殿）、黄土地区民居窑洞的出现等。公元前 1000 年左右，耶路撒冷城的给水隧道建成。公元前 605～502 年间，巴比伦国王尼布甲尼撒从他的皇宫通向太阳神庙所建的一条地下通道，乃是世界上第一条交通性质的隧道。

自 12 世纪以来，德国、匈牙利、英国、挪威等国的开矿业大发展，从而出现了大量的坑道、隧道和排水巷渠等地下工程。在隧道衬砌技术方面，已有很大的进步。

从 19 世纪至 20 世纪 40 年代，人类开发利用地下空间，主要是在交通隧道、地下工厂、地下油气贮存等方面。如法国的罗沃运河隧道；英国泰晤士河下的公路隧道；1826～1830 年间英国在利物浦—曼彻斯特之间，打通涵岩，建成了世界上第一条铁路隧道。1803 年，英国伦敦建成世界上第一条地下铁道。1910 年，瑞典修建了世界上第一个地下水电站。1914 年，日本出于军事目的，在佐世保港的川之谷，建造了一个 6 000 立方米覆土式钢筋混凝土圆形贮存库。1915 年，加拿大第一次地下贮存天然气试验获得成功。诸如此类的地下贮存库的试验成功，标志着人类在地下空间的开发和利用方面，又跃入了一个新的高度。

在第二次世界大战中，地面设施在狂轰滥炸之下，都变成了一堆废墟，而隐伏在地下的设施却安然无恙。为此，人们进一步认识到地下空间的优越性。所以，二次世界大战以后，世界各国掀起了开发利用地下空间的新高潮。

从二战后至20世纪60年代末，人类在开发利用地下空间方面的主要目的是修建为军事服务的地下防护工程。同时结合平战两用和城市建设，修建地下铁道、地下车库等地下交通工程。我国全民总动员的"深挖洞，广积粮"之举，也正值这个时期。北京的地下铁道建成通车、上海的第一条越江隧道交付使用，标志着我国在开发利用地下空间方面，也迈出了可喜的一步。

工业的发达、现代科技的进步、城市人口的高度密集，带来了交通拥挤、环境污染、城市用地紧张、能源严重短缺，以及城市热岛、风岛、雨岛效应等种种城市病。人类在积极向城市空间发展的过程中，深刻领会到向城市地下进军，走古人穴居之路，才是摆脱城市病的"灵丹妙药"。自20世纪70年代以来，吹响了人类向地下进军的号角！

人类的欲望是无止境的，向地下百米深处进军！海滨城市正在向海底进军，建造海底城市，又成为工业发达国家的新追求！人类重新穴居的时代正在到来！

（甘德福）

国际大城市的标准

～～～～～～～～～～～～～～～～～

上海是世界公认的国际大城市。为什么上海一直在努力把自己建设成为一个国际大城市呢？真正算得上国际大城市要符合许多标准。

所谓城市，这是相对于农村而言的。城市最早出现在奴隶社会。由于时代不同、国家不同，对城市的定义也不尽一致。一般来说，确定城市的标准有四条：第一，城市是人口和房屋高度集中的地域；第二，城市以工业、矿业、运输业、服务业、公务等为产业；第三，城市在政治、经济、运输、社会、文化、信息等方面，都起着周边地区的中心地和结节点的作用；第四，城市动态性强，如人口流动、职业变化、通信交通等都很活跃，居民的职业和性质也多样化，城市内部的地域分化也显著。

城市的分类方法很多，是地理学家和社会学者致力研究的课题。第一种是根据城市的分布、职能、发展、形态等来划分的。第二种是根据气候与地理位置分为热带城市、温带城市和寒带城市。第三种是根据地形位置分为平地（三角形、扇形）城市、高地城市、谷口城市和瀑布线城市等。第四种是根据城市规模分为田园城市、小城市、中等城市、大城市和特大城市等。第五种是根据城市形态分为格子状城市、放射状城市和混合城市等。第六种是根据城市发展分为奴隶社会的城市、封建社会的城市、资本主义社会的城市和社会主义社会的城市等。第七种是根据城市的自身发展分为幼年期城市、青年期城市、壮年期城市和老年期城市等。在众多的城市分类法中，研究最多的分类法是按城市职能分类。最早研究城市职能分类法的奥劳索将城市分为行政、军事、文化、生产等类型。美国人哈里斯第一个参照各产业的全国平均值来定量城市的职能分类。日本学者小笠原义胜以各产业人口比重的全国平均值为标准，对日本城市进行分类：工业城市（工业从业人口占全职业人口 59% 以上）；商业城市（商业从业人口占 20% 以上）；矿山城市（矿山从业人口占 10% 以上）；水产业城市（水产从业人口占 10% 以上）；公务自由业城市（公务自由业从业人口占 23% 以上）等等。

对城市规模（即城市大小）的认识比较一致，各国都以城市人口数量来划分。我国按人口规模划分城市等级：100 万人口以上为特大城市；50 ～ 100 万人为大城市；30 ～ 50 万人为中等城市；10 ～ 30 万人为小城市；10

万人以下为中小城镇。凡步入大城市尤其是特大型城市，都要有一个完整的城市总体规划。总体规划的主要内容包括 11 个方面：1. 确定城市性质和发展方向，测算城市人口发展规模，选定城市总体规划的各项指标；2. 选择城市用地，确定规划区范围，划分城市功能分区，综合、整体地安排各种设施和建筑；3. 布置城市道路系统和车站、港口、码头、机场等交通运输设施的区位；4. 提出大型公共建筑的位置；5. 确定主要广场位置，交叉口形式，主次干道断面，主要控制点的坐标和标高；6. 提出各种管线工程规划；7. 提出人防、抗灾和环境保护规划；8. 制定城市旧区改造规划；9. 制定郊区规划；10. 安排近期建设用地，提出近期建设的主要项目；11. 估算城市近期建设总造价。总体规划近期为 5 年，远景为 10 ～ 20 年。近期规划要具体，远景规划可以宏观制定方针与规划设想。城市总体规划的好坏，直接影响城市的生存和发展。

▼ 自由女神像是美国纽约的标志

要成为国际大城市，城市总体规划水平要求很高。1959 年在柏林召开的世界城市讨论会上就规定了国际性城市的标准：

第一，不仅以人口规模 100 万作为决定数目，还要集中多民族或国民的活动；第二，为国际、国内交通通信的中心；第三，要具有大城市的综合职能，创建出个性的城市地域；第四，腹地广阔，通常涉及两个大洲以上，若是一个大洲的话，其吸引圈要特别大；第五，拥有大城市的职能，要成为高级的经济中枢，政治、文化职能也具有特别的意义。用当时的这五条标准来衡量今日中国的大城市，够格的仅是上海和北京。柏林会议至今已有近半个世纪，如今要衡量一个国际大城市，标准要高得多，如城市的环境质量、绿化面积、市民科学文化素质和道德修养等。上海要成为国际大城市，硬件建设基本达标；城市职能已经满足要求；上海正在与长三角联动。上海所欠缺的是软件建设，尤其是在提高市民科学文化素质和道德修养等方面，还要花大力气。

（甘德福）

世界三大粮食作物

~~~~~~

联合国在统计世界粮食作物时，统称小麦、稻谷、玉米、大麦、高粱、燕麦、黑麦和粟等 8 种粮食作物为谷物。在我国，谷物除上述 8 种之外，还加上薯类和大豆，变成 10 种粮食作物。联合国从全球粮食作物的播种面积、粮食产量和人们主要食用谷物的种类统计，认为小麦、稻谷和玉米是世界三大粮食作物。据 1990 年统计，全世界播种小麦、稻谷和玉米的面积为 500 万平方千米，约占世界粮食总播种面积的 72.4%；三者产量合计 15.89 亿吨，约占世界粮食总产量的 83.2%。

小麦是世界播种面积最大、产量最多和分布最广的粮食作物。根据联合国统计，小麦占世界粮食播种面积的 1/3 多。小麦产量占世界粮食总产量的 1/3。世界上 1/2 的人口以小麦为主食，世界粮食总贸易量中，小麦占 1/2

▲ 稻在水田里生长
成熟

以上，所以小麦成为世界性三大粮食作物之首。

小麦是温凉作物，只需年均气温在 10 ℃～18 ℃、年降水量在 750 毫米，受地形的限制又小，平原、台地、高原皆可种植。其分布除南极洲外，遍布世界各地。主要播种地带集中在北纬 20°～55° 和南纬 25°～40° 的温带地区，北半球多于南半球，形成 5 个小麦带：1. 自西欧平原经中欧平原、东欧平原南部到西伯利亚平原南部。2. 北起中国东北平原、华北平原、黄土高原到长江中下游平原。3. 西起地中海沿岸，东经土耳其、伊朗到印度河、恒河平原。4. 北美洲中部大平原，包括加拿大中南部和美国中部。以上四个地区占世界小麦总产量的 90% 以上，特别是亚欧大陆小麦产量占世界总产量的 3/4。5. 南半球从南非向东经澳大利亚南部、新西兰坎特伯里平原到南美洲阿根廷的潘帕斯平原，是一个不连贯的小麦带。

中国、美国、印度和俄罗斯是世界主要小麦生产国，四国的小麦产量共占世界小麦总产量的 1/5。美国、加拿大、法国、澳大利亚、阿根廷是世界小麦五大出口国。世界每年粮食贸易量约 2 亿吨，其中 1 亿吨为小麦，而五个主要小麦出口国的小麦贸易量共占世界小麦贸易量的 85%。

水稻是世界最重要的粮食作物之一。据联合国 1990 年统计，全世界水稻播种面积为 145.8 平方千米，约占世界粮食播种面积的 20% 以上。亚洲的绝大部分居民以稻米为主食，故稻米有"亚洲粮食"之称。随着水稻品种的改良，尤其是我国杂交水稻品种的普遍推广，加上耕作技术的不断改进，水稻的产量逐年稳步增加。

水稻喜高温多雨，多分布于年降水量在 1 000 毫米以上，地势低平的冲积平原区域。世界水稻多集中在温带季风、热带季风和热带雨林地区，以亚洲的东亚、东南亚和南亚地区最为集中，亚洲的稻谷产量占世界 92.3%（1990 年）。中国和印度是世界两大稻谷生产国，产量占世界的 1/2 以上。印度尼西亚、孟加拉、中南半岛各国、日本、朝鲜、韩国等都是重要的稻谷生产国。此外，近年来在地中海沿岸、美国和巴西等国也有少量种植。

稻谷占世界粮食贸易市场上的商品率较低，每年进入世界粮食市场的稻谷仅 1 200 万吨左右，在 2 亿吨的世界粮食贸易量中，仅占 5% ～ 6%。稻谷的主要出口国有泰国、美国、越南、中国、巴基斯坦、缅甸等，主要输往西亚石油输出口和俄罗斯等国家。

玉米被视为"杂粮"或"粗粮"，它既是人们的食粮，又是饲料。玉米在世界粮食作物总播种面积中，约占 18.5%（1990 年），仅次于小麦和水稻。近些年来杂交玉米的成功，单位面积产量迅速提高，0.01 平方千米平均产量在 3.6 吨，南欧国家 0.01 平方千米产量 7 吨，被称为"高产作物"。随着世界畜牧业的迅速发展，玉米的播种面积正在不断扩大，产量逐年增加。

玉米原产于中美洲，是一种喜温作物。玉米生长的适应性很强，世界上分布十分普遍。主要集中在以下四个地区：1. 美国。玉米产量约占世界总产量的 40%。2. 中国（华北、东北、关中平原和四川盆地），产量占世界总产量的 19.5%。3. 欧洲南部平原地带。4. 拉丁美洲的墨西哥、巴西和阿根廷等。

玉米在世界粮食市场上占据着半壁江山，每年进入世界粮食市场的玉米在 8 000 万吨到 1 亿吨。美国、阿根廷、法国和中国是世界玉米主要输出国，其中美国占据着世界玉米交易市场 70% 以上的份额。玉米的主要输入国有日本、俄罗斯和韩国等国家。

（甘德福）

世界三大饮料作物

～～～～～～～～～～～～～～～～～～～～～～～～

人体所需水分的来源，一靠食物，因为食物中含大量的水；二靠饮水，一个人每天需 2.5 升的水才能保持体内水分的平衡。为了改善饮用水的质量、营养（增加常量和微量元素）和口感，人们需要在饮用水中加入茶叶、咖啡和可可等饮料，这些饮料都属热带经济作物。随着世界饮料市场的发展，世界三大饮料作物——茶、咖啡和可可产量也逐年攀升。

茶已成为我国人民日常生活的必需品。开门七件事，柴、米、油、盐、酱、醋、茶，可见茶在中国人民心目中的地位之高。我国的海南、福建等地居民都有喝早茶的习惯，故有"宁可三日无粮，不可一日无茶"的说法。

茶原产于中国的东南部，中国人的饮茶历史可追溯到西周以前的原始社会时期，距今已有 3 000 多年的历史。

据联合国 1991 年统计，世界茶树栽培面积约为 2.7 万平方千米，年产茶叶 257.6 万吨。茶树喜高温多雨，年平均气温 12 ℃～ 20 ℃、降水量 1 400 毫米以上、排水良好的丘陵地带最为适宜。收获茶叶至今还是以人工采摘为主，所以需要大量劳动力。世界茶叶产量的 92% 集中在发展中国家，这与劳动力优势有很大关系。亚洲是世界著名的茶叶产区，其产量占世界总产量的 80%，主要分布在东亚、东南亚和南亚的热带和亚热带地区。其中印度和中国合占世界茶叶总产量的 1/2 以上。斯里兰卡、印度尼西亚、土耳其和日本等都是茶叶的主要生产国。其次是非洲的肯尼亚等国也有茶叶生产。

在世界茶叶市场上，每年有 120 多万吨可供交易，斯里兰卡、中国、印度是世界茶叶的三大出口国，合占世界总出口量的 60%。主要输往西欧、俄罗斯、美国和西亚石油输出国。

咖啡是人们所喜爱的饮料。我国改革开放以来，经

▼ 茶园

济持续高速增长，国强民富，西方人的咖啡饮料在我国年轻人中也逐渐时兴起来，"味道好极了"的咖啡饮料广告语深入人心，咖啡销量也逐年在增加。

据联合国 1991 年统计，世界咖啡栽培面积为 11.3 万平方千米，年产量约 608.8 万吨，是世界第二的饮料作物。咖啡原产于非洲的埃塞俄比亚，18 世纪初移植拉丁美洲，以后又陆续推进到亚洲。咖啡在生长期喜高温多雨，收获期宜高温少雨，年降水量 1 300 ～ 2 300 毫米、排水良好的丘陵地带最宜种植。所以热带雨林区咖啡树分布最密集。世界咖啡栽培面积的 99.9% 和产量的 99.4% 集中在发展中国家。拉丁美洲居首位，占世界总栽培面积的 1/2 和总产量的 2/3，其中以巴西产量最高，年产 144 多万吨（占世界的 1/4），故有"咖啡王国"之称。非洲次之，约占世界总栽培面积的 1/3 和总产量的 1/5。科特迪瓦、埃塞俄比亚和乌干达也是主要咖啡生产国。在亚洲仅印度尼西亚和印度有咖啡栽培。

世界上咖啡产量的 70% 进入国际市场，巴西、哥伦比亚、印度尼西亚、科特迪瓦、墨西哥、危地马拉是主要咖啡输出国，消费主要集中在经济发达国家，以美国、西欧各国和日

▼ 玛旺茶植株

本为多。

　　"巧克力"是人人喜爱的食品。"巧克力"主要由可可、牛奶和砂糖炼制而成。可可在世界上总栽培面积约为 5.6 万平方千米（1991 年），年总产量约 245.5 万吨。可可原产于南美洲，19 世纪后期被移植到非洲几内亚湾一带。可可喜高温多雨，降水量 2 000 毫米以上，以干湿季和微风气候为最佳。可可集中分布在南北半球等温线 20 ℃以内的地区。非洲占世界总栽培面积的 70% 和产量的 1/2 以上，是世界最大的可可生产国和出口国。加纳被誉为"可可王国"，年产 25 万吨，几乎全部出口。尼日利亚、喀麦隆等国也是重要咖啡出口国。拉丁美洲次之，巴西年产可可 34 万吨，居世界第二位，出口量则为世界第 5 位。近些年来移种可可成功的马来西亚和印度尼西亚的产量增长较快，已分别跃居世界第 4 位和第 5 位，成为主要生产国和出口国。可可全部产于发展中国家，消费却以西欧和美国等发达国家为主。可可除了炼制巧克力之外，还是许多饮料不可缺少的原料，可可的市场前景十分被看好。

（甘德福）

世界四大农业地域

国际上根据农牧业结构、栽培或饲养方法、农业收入、技术水平、商品率、专业化程度等，将全世界划分为四大农业地域。

第一，自给传统农业地域。指的是游牧型、绿洲农业型、迁移农业型、亚洲传统农业型和旱田农业型等五种类型。

游牧型是以天然牧场为主要饲料基地，以饲养绵羊、山羊、牛为主，还有马、骆驼、驴等。以放牧为中心，逐水草而居，随季节更换牧场。粗放经营，产量低而不稳定。投入少，商品率低，属自给自足牧业，居无定所。游牧型主要分布在三个地带：1.干燥半干燥草原地带，包括蒙古高原，中亚、西亚和非洲撒哈拉沙漠以南的草原区。2.高山、高原地带，如中国青藏高原、南美洲的安

▲ 印度尼西亚山区梯田中稻穗一片金黄

第斯山区等。3.北极寒冷地带，如爱斯基摩人的狩猎、采集，渔业属之。

绿洲农业型多以种植业为主，小麦、杂粮、棉花、果蔬（如枣椰）等为主要作物。利用泉水或地下水灌溉农业，以坎儿井为典型代表。主要分布在干燥和半干燥地区的绿洲地带，如西亚的两河流域，中国的新疆与甘肃的西北部，伊朗高原，尼罗河流域，印度河的上、中游，撒哈拉沙漠地区等。

迁移农业型（亦称"补丁农业"）是以放火烧山灰作肥，辟为旱田种杂粮为主。刀耕火种，原始经营。待土地肥力耗尽，迁移他处，再来烧林施肥、刀耕火种。这种原始迁移农业型，主要分布在赤道附近的热带地区、东南亚各国的山区、非洲中部和拉丁美洲的部分地区。

亚洲传统农业型在亚洲分为水田农业与旱田农业两种类型。水田农业是亚洲农业最典型的代表。以种植水稻为主，轮作较少，属水稻专业化生产，以小农个体经营为主。从发展水平分为：1.集约型。精耕细作，物力和劳力投入多，现代水平高，一年两熟，多则三熟，产量高。主要国家为中国、日本、朝鲜和韩国。2.粗放型。

主要指东南亚和南亚各国，现代化水平低，粗放经营，产量低。

旱田农业型以种植粮食作物为主，有玉米、小麦、高粱、粟等，经济作物有棉花、麻类、烟草、甘蔗、花生和大豆等。旱田农业型大都分布在水田区的边缘或外围地区，有中国的华北、东北地区，印度的德干高原、恒河中上游及日本的北海道地区等。

第二，商品化农业地域。可分为混合农业型、酪农型（或称产奶区）、地中海式农业型和园艺农业型等四种类型。

混合农业型的特点是种植业和畜牧业并重，广泛实行轮作，农业投入多，集约化经营，单位规模大，商品率高，主要分布在西欧、北美洲的温带、寒温带地区。西欧、南欧（意大利波河流域）和北美洲的现代化水平较高。巴尔干半岛各国的现代化水平相对要低一些。

酪农型即为乳用畜牧业区。以种植饲料和养奶牛为主，现代化、专业化、规模化、集约化程度高，商品率较高。主要分布在温带湿润地区。以北欧丹麦、西欧的荷兰、瑞士、北美洲五大湖沿岸、澳大利亚东南部、新西兰北岛最为集中。

地中海式农业型以栽培橘柑、葡萄、油橄榄、柠檬等地中海水果驰名。集中分布在地中海沿岸地区，以南欧最发达，意大利、西班牙为其中代表。

园艺农业型以种植蔬菜、水果和花卉观赏植物为主。精耕细作，规模不大，属多劳、多设施、多投入、多收

中国山区的梯田 ▶

益农业。主要分布在世界各大城市与近郊区，以及运输便捷的远郊地区。

第三，企业化大农业地域。同样可分为企业谷物农业型、企业畜牧业型和种植园农业型三种类型。

企业谷物农业型以种植谷物为主，冬、春小麦为中心，与玉米或其他麦类轮作。规模大（面积一平方千米以上），现代化水平、专业化程度、商品率、劳动生产率、收益都高。这种大农场主要分布在中纬度的湿润地区，如北美洲（西经 100°以西）的中西部地区、阿根廷的潘帕斯草原区、澳大利亚的东南部地区。

企业畜牧业型以饲养肉牛与绵羊为主，少量种植麦类与牧草。经营规模大，草场放牧，饲料育肥，商品率高，效益也高。主要分布在北美洲西部、拉丁美洲的巴西高原东部、阿根廷的潘帕斯和巴塔尼亚地区、澳大利亚的内陆地区、新西兰，以及南非等半干燥地区。

种植园农业型以种植热带经济作物为主，生产天然橡胶、甘蔗、咖啡、可可、椰子、油棕、茶、香蕉、棉花、烟草、西撒尔麻等。多为单一经营，以大农场主经营为主。主要分布在热带雨林区，以东南亚、南亚、中美洲和西非洲最为集中。

第四，合作化（集团化）农业地域。这是社会主义国家独有的形式。土地为国家所有，大的农业基础设施由国家投资建设，小的由集体或个人备置。建有国有农场和各种形式的合作单位。改革开放以来，发展了农业生产承包制度，农民的积极性提高，产量提高，收益增加。

（甘德福）

世界五大油料作物

油料作物种类繁多，有大豆、花生、芝麻、向日葵和油菜五种，称之为世界五大油料作物。

大豆居世界五大油料作物之首，又是中国的重要粮食作物。大豆浑身都是宝，它兼有食用、油料和工业原料等多种用途，其豆茬有利恢复土壤肥力。

第二次世界大战后，世界上大豆的播种面积和产量逐年迅速增长，种植面积已达 53 万平方千米（1990 年），年产量超过 1 亿吨（1990 年 1.08 亿吨），比战前增长近 8 倍。大豆原产于中国，历史悠久。1938 年中国大豆种植面积达 9.07 万平方千米，总产量 1 210 万吨，占当时世界大豆总产量的 93%。近半个多世纪以来世界大豆的生产地域发生了重大变化。美国、巴西和阿根廷等国家迅速发展。目前世界大豆总产量中，美国占 48.5%；巴西占 18.5%；中国和阿根廷并列第三位。另外，印度、意大利、巴拉圭、印度尼西亚、墨西哥、加拿大和泰国的大豆播种面积和产量也在逐年增加。

世界大豆市场平均年交易量在 2 600 ～ 2 700 万吨。主要大豆出口国的排名：美国为第一（占60%），巴西为第二（占 15.6%），阿根廷为第三（占 12.3%），中国和巴拉圭居第四位。主要大豆进口国有日本、西欧各国和韩国等。

花生是世界第二大油料作物。印度是世界上花生播种面积最大（占世界总面积的 34.7%）、产量最多（占世界总产量的 31.2%）的国家。中国年产花生 650 万吨，产量和播种面积居世界第二位，但出口最多，位居世界第一。美国、尼日利

华杂良种

蓉油良种

秦油良种

蜀杂良种

▲ 油菜栽培

亚、印度尼西亚、塞内加尔、缅甸、扎伊尔等都是重要花生生产国。花生的输入国主要是西欧发达国家。

芝麻的世界总播种面积 6.6 万平方千米，是花生播种面积（20 万平方千米）的 1/3；总产量 220 万吨（1990年），是花生总产量（2 310 多万吨）的 1/10。芝麻种植都在发展中国家，占世界总产量的 99%。其中亚洲占64%，非洲占 27.5%。印度和中国是两大芝麻生产国，其次是苏丹、缅甸和墨西哥等国。

向日葵是世界重要油料作物。向日葵属温凉作物，种植广泛，世界总播种面积达 15 万平方千米，年产量高达 2 000 万吨。向日葵既是油料作物，又是观赏植物，管理方便，生长快，所以在发达国家广泛种植。其种植面积占世界总面积的 2/3 以上。尤以欧洲最为集中，占世界总播种面积的 1/2 以上，产量占世界总产量的 60% 以上。其次是亚洲和拉丁美洲。向日葵的主要种植国在西欧有法国和西班牙，亚洲有中国和土耳其，拉丁美洲有阿根廷，俄罗斯和美国也是重要的向日葵籽生产国。

油菜籽是世界第二大油来源，年总产量 2 450 万吨，仅次于大豆。油菜的生长适应性较强，种植较普遍，产量也高。世界上油菜播种面积 15 万平方千米，比花生少5 万平方千米，但它的产量比花生多 140 万吨。油菜籽在发达国家的产量略多于发展中国家。以亚欧大陆最为集中（占 70%），次为北美洲。中国的油菜籽产量居各国之首，占世界总产量的 28.3%，与印度和加拿大一起成为世界上三大油菜籽生产国，三国的油菜籽产量占世界总产量的60%。次之为法国、德国、波兰和英国。

世界上粮油贸易始终兴旺。植物油的用途在不断扩展，需求量也在不断增加。有些发达国家虽是植物油生产大国，却每年要进口大量植物油，作为食品工业和化学工业的原料，转而再把食品和化工品出口，获取大量利润。

（甘德福）

世界的森林资源

~~~~~~

　　森林不仅向人类提供木材、能源及多种林木副产品，是经济发展不可缺少的自然资源，而且又是整个自然生态系统中的中心环节，被誉为"地球之肺"，对保障人类良好的生存环境和农牧业的高产稳产起着重要作用。

　　全球现有森林和林地面积 0.4 亿多平方千米，约占世界陆地面积的 31%，其中森林面积约 0.28 亿平方千米，覆盖率为 22%。世界林木蓄积量为 3 100 亿立方米，针叶林占森林面积的 1/3，阔叶林占 2/3。温带林大多分布在北半球的北美洲、北欧、中欧、北亚和东北亚等。湿热带森林主要分布在亚非拉的热带地区：1. 亚洲的马来半岛和马来群岛；2. 南美洲的亚马孙河流域，加勒比海沿岸；3. 非洲的刚果河流域，西非的几内亚湾沿岸。

　　森林资源的地理分布很不均衡。森林覆盖率以拉丁美洲为最高，达 50%；北美洲 32%；欧洲 31.5%；亚洲 21%；大洋洲 21.9%；非洲 20.1%。从人均占有森林面积来看，大洋洲居首，亚洲则是最少的。世界有些干旱沙漠国家，如阿拉伯联合酋长国、科威特等，森林覆盖率不足 1%。世界上森林面积和林木积蓄量多的国家有俄罗斯、巴西、加拿大、美国、中国、印度尼西亚和扎伊尔等。

据历史记载，世界森林覆盖率曾高达 60%，森林面积 0.76 亿平方千米。随着农牧业的发展，特别是现代工业的发展，战争、自然灾害以及人们盲目地过度砍伐等原因，导致世界森林资源不断减少。自第二次世界大战后至今，世界森林面积已减少了一半，尤其是中美洲（减少 66%）、中非（减少 52%）和东南亚最为严重。当今世界上发达国家的森林资源基本维持稳定平衡状态，而发展中国家一般都是采伐大于培育。

中国的森林资源主要分布在东北和西南山地。西北山地和南方热带、亚热带丘陵山地也有小面积分布。森林类型丰富多样，树种约有 8 000 多种，其中乔木树种 2 800 多种（同纬度的美国乔木只有 800 多种），其中 50 多种乔木为我国所独有，如金钱松、水松、水杉、台湾杉、银杉、杜仲、珙桐、香果树等，而水杉、银杉、银杏等属珍贵树种。我国的竹子数量居世界第一位，品种达 300 多种（全世界竹子品种共 1 000 种）。我国还有油茶、油桐、漆树、橡胶、椰子、油棕等，它们都属生产油料和工业原料的经济林木。

▲ 森林火灾

我国古代曾是森林密布的国家，经几千年的采伐和天灾人祸，森林资源遭到严重摧残，到 1949 年，森林面积只占领土面积的 8%，分布又极不均衡。1949 年后开展植树造林，建设防沙林带的造林活动，森林面积逐渐增加。到 1990 年统计时，我国森林总面积为 115.25 万平方千米，森林覆盖率为 12%，远低于世界平均森林覆盖率（31.2%）。2004 年公布我国天然林 16 亿亩（1 亩 ≈ 666.67 平方米），占世界 3%。我国木材年需求量为 3.3 ～ 3.4 亿立方米，每年缺口达 1.5 亿立方米，森林资源短缺非常严重。

世界林业生产包括造林、抚育、管护、采伐、集运、加工、制造等生产环节。林业生产是一个综合性很强的生产部门。原木、锯木、纸浆、纸张、胶合板、纤维板、刨花板和薪柴等都是林业生产的主要产品，就连一次性筷子、火柴梗等小东西也是其产品。世界上原木生产的排序是：美国（占 15.4%）、俄罗斯（11%）、中国（7.9%）、印度（7.8%）、巴西（7.4%）、加拿大、印度尼西亚、尼日利亚等国，年产量都在 1 亿立方米以上。发达国家的原木生产量不到世界总产量的一半，却集中了世界木材加工量的 80% 以上。发展中国家大都缺乏现代化林业生产设施，所以都以原木出口。亚非拉各国原木出口量约占世界总出口量的一半。发达国家依仗其林业加工设备，一般情况下原木只进不出，但他们的林业产品却源源不断地向世界各国出口，获取了丰厚的利润。

保护扩大森林资源，是林业生产的根本和前提。有了充足的森林资源，才谈得上采伐、集运、加工和制造。规范的林业生产使采伐有规矩（选择性采伐），采伐后要马上补植，决不可以滥采滥伐，更不可以只采伐不补植。只有这样才能使森林资源得到延续。

（甘德福）

世界种族的分类难题

种族属于人的自然范畴，主要指体质和形态上具有共同生物学和遗传学特征的人的群体，具有区域性特点。过去对种族的划分，一般以人的皮肤颜色为主要标志，同时也考虑生理特征，由此而分为：黄种人、白种人、黑种人和棕种人；现在人类学家则按皮肤颜色、头型、眼睑、脸盘、眼睛的颜色，以及眼、鼻、唇的结构大小及身高比例等外形特征进行划分。而后又增加了血型、指纹、掌纹、体毛、牙等来对人类种族进行分类，可分为：1.蒙古人种。皮肤呈黄白、黄褐色，面部扁平，颧骨较高，鼻梁的高度和宽度均属于中等，头部为黑色直发，眼睛的颜色较深。蒙古人种主要有两个分支，一支分布于亚洲大陆，是蒙古人种的主要部分；另一支是分布在北美洲和南美洲的印第安人。2.欧罗巴人种。皮肤颜色

▲ 黄色人种、棕色人种、黑色人种和白色人种

浅淡，头发柔软呈波状发或直发，眼色碧蓝或灰褐色，嘴唇薄、鼻梁高、鼻子大、鼻尖突出。主要分布在欧洲、西非和非洲北部。欧罗巴人种是世界上最大的种族。3. 尼格罗人种。肤色黑或深棕色，发黑而卷曲，鼻宽而扁、唇厚。主要分布在非洲撒哈拉大沙漠以南地区。4. 澳大利亚人种。与尼格罗人种相似，肤色黑、发黑，鼻宽唇阔。主要分布在大洋洲，是世界上最小的种族。

这两种种族分类法其实是一回事。黄色人种指的是蒙古人种，是亚洲的主体人种，人口量占亚洲总人口的60%。黄色人种分南北两支，北支主要分布在中国、朝鲜、韩国、日本、蒙古、俄罗斯的西伯利亚、中南半岛各国、尼泊尔、锡金、不丹，土耳其等国家和地区。南支主要分布在马来西亚、新加坡、印度尼西亚、菲律宾、文莱和东帝汶等国家。白色人种指的是欧罗巴人种，主要分布在南亚次大陆和除土耳其之外的西亚各国。黑色人种指的是尼格罗人种。棕色人种指的是澳大利亚人种。随着科学技术的进步，对人类种族的分类会有新方法，如基因法等。但是，人类在长期进化过程中，种族这个群体也在发生变异，形成一些过渡或混合的类型和区域性的变种，势必对人类种族的分类带来新问题。世界上的种族十分复杂，以至于到现在还没有一个公认的分类系统。随着时间的推移、经济全球化的发展，带来世界人口的大流动，变种的种族群体壮大，世界种族的分类难题将越来越难克服。

同种族相比，民族的分类就比较容易。民族属于人的社会范畴，是人类社会长期历史发展的产物。民族的形成和发展受社会生产和社会制度所制约。各民族之间通过文化和经济上的交流，达到广泛的混合和融合，促进人类的进步。目前世界上大约有 2 000 多个民族和部族，其中最大民族是汉族，人口达 10 亿多。最小的民族人口不足千人，有的民族甚至只有几百人、几十人。

世界上民族的分布比较复杂，从各大洲来看，亚洲面积广、人口多，地理环境和历史进程差异较大，所以民族也多，大小民族共有 1 000 多个，占世界民族总数的半壁江山；欧洲范围小，地理环境有利于人群的交往和混合，因此民族数少，但各民族人口数量均已达到一定规模；非洲、美洲和大洋洲的民族数量大约各在 200 ～ 300 个之间。

从国家来看，有的民族分布集中，分布界线与国界大体吻合；有的民族虽然分布还算集中，但因历史原因被分割在不同的国家。

社会学家按民族结构的差异，把世界上的国家划分为三种类型：1. 单一民族国家。全部或基本上是由一个民族组成的，如朝鲜、日本、捷克和斯洛伐克等，国内虽有少数民族，但比重极小。2. 两大民族组成的国家。如比利时（主要有佛拉芒族和瓦隆族两个民族）；塞浦路斯（希腊族占78%，土耳其族占22%）；加拿大（英裔加拿大人占44%，法裔加拿大人占28%）等。3. 多民族国家。这类国家数量多，一般都有一个民族在人口上占绝对优势，中国为杰出代表，中国汉族人数占绝对优势，同时还有55个少数民族。世界上还有一个民族分布于许多国家的现象，如阿拉伯民族广泛分布于西亚和北非的许多国家。

种族与民族是自然与社会主要属性区别。一个种族中可以有许多民族，但一个民族中必定是属于一个种族。种族是世界性的，不受保护，所以变异的速度快、频率也高；民族是国家性的，受国家保护，所以变异的速度慢、频率低，稳定性相对要好。民族都有自己的传统、生活习惯和风土人情，自我保护意识也强。种族则在世界上漂游，会随时改变自己的习性，无自我保护意识。

（甘德福）

鼠害猖獗溯源

~~~~~~~~~~~~~~~~~~~~~~~~~~~~~~~~~~~~

　　我们平时见到的鼠类，一般称之为老鼠，从动物学的分类来讲，属于哺乳纲，啮齿目，鼠科。与人类关系密切的有小家鼠、黑线姬鼠、黄胸鼠、褐家鼠等，种类有15种以上，对人类危害大。它们的特点是分布广，如小家鼠、褐家鼠遍布全国；繁殖力强，数量多，一年可繁殖6～8胎，每胎4～6只。老鼠盗窃粮食，咬毁器物，危害农田作物稻谷、玉米、豆类等。它们的活动范围广，从室内到村落野外，从厕所到仓库，从阴沟到食品商店，从垃圾堆到厨房，到处都有它们活动的踪迹。老鼠在糟蹋粮食的同时，又是人畜疾病的传播者，其体外寄生虫有蚤、螨、蟑、虱等，体内寄生虫有原生动物、吸虫、绦虫、线虫等。还是许多细菌和病毒的贮藏宿主。所以老鼠对人畜的危害很大。

　　在自然界中，老鼠原本只是生态食物链中一个初级消费者，以鼠类为食的动物很多，在生态平衡的状况下，一般不至于发生严重鼠害，但事实上，鼠害确实相当严重。如曾有 3 000 万只老鼠侵袭墨西哥城，分布在市内各区公共市场、地铁和公园。哥伦比亚首都波哥大有 500 万只老鼠，与这个市的人口数目相当，每年糟蹋掉价值 1 000 万美元的食品。欧洲在 14 世纪时，发生过鼠疫，一次就夺去了 2 500 万人的生命，占当时人口的 1/4。1665 年，伦敦再次发生鼠疫，又死去了 68 000 多人，原因是，英国政府为节约粮食而下令捕杀猫，猫少鼠多，鼠蚤增多，导致鼠疫流行。

　　鼠害在我国也很突出，西安、四川等地老鼠活动猖獗，损害农田作物，吃黄豆、蚕豆种子，咬食甘芋、萝卜，甚至导致有些地区颗粒无收，川东、川南一带老鼠传染的"出血热病"威胁着人类健康。

老鼠成灾的重要原因，是剧毒农药投放太多，在杀死少量老鼠同时也杀死了许多鼠类的天敌。老鼠的天敌很多，如乌鸦、猫头鹰、野猫、狐狸、黄鼠狼、蛇等。但在许多地方这些动物已经濒临灭绝，在城市里几乎见不到狐狸等动物，即使在农林地区，猫头鹰、黄鼠狼等也难得见到。要知道一只猫头鹰一天捕食老鼠 4～5 只，一年下来被消灭的老鼠就相当可观。黄鼠狼的食物中老鼠占 80% 左右。每只黄鼠狼一年可消灭 300 只以上老鼠。另外蛇也是捕鼠能手，蛇能自由地钻入鼠洞，捕杀老鼠。一条蛇一年可吃 150 只老鼠。但现在这些老鼠的天敌数量大减，在上海即使在郊区也很少见到乌鸦和喜鹊，黄鼠狼和猫头鹰已成为本地区的稀有动物。由于树木稀少，老坟堆、农田被平整，蛇的栖息地不复存在。但在街上小商贩的麻袋内装满了火赤链、黑眉锦蛇，几乎每家饭店都有大皇蛇、椒盐蛇等菜单。乌鸦和喜鹊及隼等动物在花鸟市场上被出售。与此同时，在马路上，垃圾堆旁，百货商店、饭店里，新栽的草地绿化带中，都常见老鼠出没，甚至人居住的公房里，也能见到老鼠足迹。虽有捕鼠的强黏胶板、老鼠笼、老鼠夹等工具，但仅靠人的零星捕杀是远远抑制不了老鼠的危害的。特别是在农村，广阔农田使人们很难用老鼠夹来消灭老鼠。如果继续使用剧毒农药，老鼠还尚未被消灭，老鼠的天敌却先被消灭了。国外有人专门在仓库内养蛇来保护粮食，效果很好，所以必须保护树木，保护老鼠的天敌如乌鸦、黄鼠狼、狐狸等，严禁捕捉和出售蛇类产品。在城市里有必要开展爱国卫生运动，清理管理好垃圾，采用各种有效手段捕杀老鼠，特别是清除老鼠栖息地的繁殖窝。要改变人们的饮食习惯，禁止买卖和食用野生动物，大力开展植树活动以吸引猫头鹰，放生已捕到的蛇等，保护生态平衡，这样才能有效控制鼠害。控制动物的危害只有采取控制该动物的数目，要彻底消灭某种虫害或老鼠是不可能的。因为某种动物消灭了，自然界食物链又失去了平衡，新的矛盾又会出现。比如说老鼠没有了，蛇和猫头鹰也会饿死。所以生态平衡至关重要。

（陈　彬）

中国的第一号国情

~~~~~~~~~~~~~~~~~~~~~~~~~~~~

在国际交往中，国家不论大小强弱，中国向来一视同仁、平等对待、互相尊重。我国领导人经常用"尊重贵国根据自己的情况发展经济，建设国家"来表示自己的真诚态度。这里的"自己的情况"指的就是"国情"。邓小平同志说的"建设有中国特色的社会主义"，就是告诫我们要从中国国情出发推进现代化建设事业。

所谓"国情"，可分为 7 个方面：1. 自然环境和自然资源。包括国土面积、地质、地貌、地形、气候、矿产、生物、水、光、热资源等。2. 科技教育状况。包括科技队伍、科研水平，教育的规模、结构、水平、体制等。3. 经济发展状况。包括经济实力、经济体制、生产关系、生产力布局、对外经济关系等。4. 政治状况。包括阶级和社会阶层的划分、政党和政治团体间的关系、政治体

制、政治制度、民主和法制建
设等。5. 社会状况。人口、民
族、家庭、婚姻、社会犯罪及
其相应对策等。6. 文化传统。
包括价值取向、伦理道德观
念、宗教信仰、艺术观念及民
族传统和风俗习惯等。7. 国际
环境和国际关系。

　　国情内容十分全面，但每
个国家都有自己的主要国情。
我国的主要国情是什么？前总
理温家宝说的"必须强化我国
人口多、人均资源少和环境
保护压力大的国情认识"，点
出了中国的主要国情，并把

▲ 柬埔寨吴哥寺广场

人口问题作为中国的第一号国情："一个很小问题，乘以
13 亿，就会变成一个大问题；一个很大的总量，除以 13
亿，都会变成一个小数目。"

　　我国在历史上因天灾人祸和经济落后而致使人们生
活贫困，医疗缺乏，孕妇生孩子视为过"鬼门关"，所
以长期以来，中国人口的发展缓慢。一直到清代康熙以
后，中国人口发展出现较快趋势，1762 年（乾隆二十七
年）中国人口才刚突破 2 亿（2.004 7 亿）。1840 年（道
光二十年）达 4.1 亿，约占当时世界人口的 1/4。到 1949
年时，人口已达 4.5 亿。1949 年后，人民生活条件和医

▲ 我国是个多民族国家

疗条件得到改善，加上鼓励多生孩子的政府行为，中国人口迅速增长，至1983年底达10.2亿，34年净增人口4.8亿，年平均增长率高达20‰，增长速度为历史之最。之后国家花大力气狠抓计划生育控制人口，为此还专门成立了一个委员会。但由于人口基数过大，到1990年普查人口总数已达11.6亿，2003年已达到13亿。国家人口和计划生育委员会主任张维庆表示，到2043年，我国人口将达15.57亿。中国人口正在逼近目前科学发展状态下自然环境容量的极限。在未来几十年给资源和环境带来的压力和影响极为深远。

中华民族，历史悠久；伟大祖国，地大物博，向来是每个中国人引以为自荣的。在960万平方千米的国土上，隐藏的资源总量很大，矿产资源丰富而齐全，许多矿种储量居世界前列，关键资源如能源、水资源、土地资源等都占世界前列。但若以13亿人平均分摊，却只有世界平均水平的一半或一半以下。而且资源开发利用的效率低，综合利用差。以矿产资源开发过程中产生的尾矿来说：尾矿是采矿过程中洗选分出的残渣或极低品质的矿物。我们都知道矿产资源都是共生的，以一种矿产为主伴生着其他多种矿产。发达国家采矿技术高超，都是综合开采利用，实际被废弃的尾矿很少。我国大都是单一开采，从而产生大量尾矿。目前我国有 2 000 多座尾矿库，存有尾矿 50 亿吨，尾矿平均利用率仅 8.2%。广西大厂矿山的 5 个尾矿库中，尾矿砂里的银、锡、锑的含量都超过了工业品位。全国 2 000 多座尾矿库中，有 1 900 座是煤矸石山，这可是灾害的元凶。重庆市万盛区发生的煤矸石山滑坡，造成屋毁人亡就是实例。我国森林现有 16 亿亩（1 亩 ≈666.67 平方米）天然林，占世界 3%，而我国人口却占世界人口的 22%。长期以来，我国对自然资源的开发利用都是粗放型的，消耗量大，产出效率低。在经济持续快速发展的情况下，资源短缺凸显出来。大量开发利用自然资源，又容易造成严重污染环境的结果。人口、资源、环境是相互环扣的锁链。

　　人口的迅猛增加，还带来就业、教育、人口比例失调等一系列社会问题。党中央提出的科学发展观，包含了人口问题。计划生育控制人口的国策体现了科学发展观。我们在进行现代化建设过程中，应时时刻刻铭记我国有 13 亿人口，这是我国的第一号国情。

（甘德福）

国际人口迁移与中国人口流动

~~~~~~

国际人口迁移是指国与国之间或洲与洲之间人口在空间位置上的移动，包括长期性（1 年以上）或永久性移民、难民、劳动力转移等。

在古代末期和中世纪初期，世界上曾有过一次人口大迁移的行动，对欧、亚许多民族的起源产生了巨大影响。15 ～ 16 世纪又掀起了人口迁移的高潮，大批移民从欧洲迁移到美洲，开始是西班牙人和葡萄牙人，随后是法国人、荷兰人、英国人。1750 ～ 1800 年，来自欧洲的移民就达 100 万人。当时的殖民主义者为发展工业还把数百万黑人从非洲运往美洲，致使 18 世纪非洲人口的绝对数量明显下降。19 世纪和 20 世纪初，主要是从欧洲向美洲移民。20 世纪初到 1914 年，从欧洲迁出居民达 5 000 多万，大批移民主要迁往美国，其次为加拿大、阿根廷、巴西、澳大利亚和新西兰等地。在此期间，亚洲、非洲和美洲的人口迁移规模小得多，只涉及十几万人。

第一次世界大战造成欧洲人口大迁移。如从波兰回到德国的有 50 万人；从捷克斯洛伐克、罗马尼亚、南斯拉夫回到匈牙利的也有近 50 万人；当时的苏联国内战争期间，有近 200 万人从俄罗斯迁出。第一次世界大战结束后，欧洲向海外移民又活跃了起来。1918 ～ 1939 年，从欧洲迁出的移民将近 900 万人。其中约有一半迁往美国，另有近 30 万犹太人从欧洲各国迁往巴勒斯坦。

第二次世界大战后，由于几百万平民从军事行动区外逃和后撤，形成了新的人口迁移行动。其特点有三：一是政治性国际迁移。主要原因是战后在占领区或被占领区的士兵和平民的遣返；战后国家之间边界调整引起居民和某些民族的人口迁移；建立一些新的国家，或一国分治造成大量人口迁移；亚、非、拉一些国家独立引起一些人口的国际迁移。二是外籍工人国际迁移。原因是战争使西欧一些国家经济遭到破坏，人口死亡率增加，出生率降低，在战后经济恢复和发展的高潮中，感到劳动力不足；在一些不发达国家，人口增长迅速，经济增长缓慢，工资低，劳动力剩余；战后需要大量原材料，促使一些石油和矿产业国家如中东、澳大利亚和南非等经济获得大发展，急需劳动力；在一些发达国家，人民生活水平的改善，需要从事笨重工种的劳工，同时又存在知识工人的失业大军；人口从早期高速增长转变为低速增长，有些国家人口老龄化问题日益突出，青壮年劳动力日渐缺乏；人口的城市化，需要补充从事工业、运输业、建筑业等的劳动力来源。三是战后国际人口迁移的流向发生了变化，如传统人口净迁出地区的欧洲变成净迁入地区；拉丁美洲由传统的净迁入变成净迁出地区；传统上大量接受移民的美国、加拿大、澳大利亚和新西兰等国战后变化并不大。

当今世界经济的全球化，一些发达国家经济衰退，而第三世界的一些国家又迅速崛起，哪里有市场往哪里跑，从而引起新的国际人口迁移行动，出现了国际人口迁移的新特点。

中国人口迁移是指国民在地域空间上的移动、聚居和分散，也称人口的机械变动。具体分为国内迁移和国际迁移两种。

我国历史上在汉朝以前，人口主要聚居在黄河中下游的平原地区。后来因为社会、政治、军事、经济、历史和自然等原因，出现三次大的国内移动：一是在西晋末和南北朝时期；二是唐代的"安史之乱"时期；三是北宋末年至南宋时期。由于人口迁移，我国的长江流域和珠江流域得到了开发，成为今日我国经济发达和人口密集的地区。我国的经济重心也随之南移。1840年以前，我国秦岭、淮河以南人口已占全国的2/3左右。鸦片战争后，我国人口迁移的重点方向略有变化，华南地区（广东、福建两省为主）广大破产农民继续向南，2 000多万华侨移向东南亚地区；而华北的山东、河北、山西、河南一带人口则大量移向东北和西北。据统计，1771～1780 年，东北人口平均每年增加 16 020 人，1780～1910 年平均每年增加 122 700 人；1911 年东北三省（奉天、吉林、黑龙江）人口达 1 580 万，至 1928 年则达 3 085 万。1944 年达到 4 445 万，并部分迁移到俄罗斯的远东地区和日本。而西北地区的甘肃、青海、新疆等地的移民，主要来自河南和陕西等省。1949 年后，主要是国内省区之间的人口迁移，迁出地区有长江、黄河下游人口稠密省区，四川和湖南省。随着我国农业开发和工业布局变化，迁移方向主要为东北和西部地区。据统计，1949～1980 年，净迁人口达 2 500～3 000 万人。改革开放初期，东部沿海地区经济发展迅猛，劳动力需求急增，人口迁移又呈倒流现象。同时出现了出国的热潮，大批学子出国求学，大批劳动力出国打工经商。

随着我国改革开放的深入，国民经济的持续高速发展，巨大的中国市场吸引了世界各国的商界巨头和洋打工者。近年来又出现了留洋学子返回祖国创业、台湾商人大举进入大陆、外国人来中国立业成家的人口迁移现象。

（甘德福）

中国三大自然地理区

我国幅员辽阔，从北到南纵越纬度 49° 多，约 5 500 千米，有寒温带、中温带、暖温带、亚热带、热带五个气候带。从西到东横跨经度 61° 多，约 5 200 千米，东西时差四个小时。陆上疆界绵延 22 800 千米，东部和南部环绕着浩瀚的大海，海岸线长达 18 000 千米。

根据自然条件的主要差异，可将全国划分为东部季风区、西北干旱区和青藏高寒区三大自然地理区。其界线的划分是：北起大兴安岭西坡，南沿内蒙古高原东南部和黄土高原西部的边缘，直至与青藏高原东缘相接。此线以东为东部季风区。然后再沿青藏高原北部边缘划分出西北干旱区和青藏高寒。三大自然地理区，充分体现了我国自然条件的不均衡。

东部季风区是我国夏季风影响最明显的地区，湿润程度较高，雨热同季，但风向和降水随季节有明显更替，局部有旱涝和寒害威胁。又因海陆分布和距海远近的影响，东南部湿润程度高，向西北逐渐转变为亚湿润以至干旱地区。本区有大面积海拔在 500 米以下的低山丘陵和广大平原。自北而南依次出现寒温带、中温带、暖温带、亚热带、热带。由于空气湿润程度高，天然植被以森林为主。在寒温带为落叶针叶林，中温带为针阔叶混交林，暖温带为落叶阔叶林，亚热带为常绿阔叶林，热带为雨林、季雨林。暖温带和中温带，由于干湿状况自东向西变干，还出现森林草原和草甸草原。本区以森林土壤为主。秦岭淮河一线的南部土壤相当黏重且呈酸性，北部土壤富含石灰、多呈碱性，东北地区的土壤有机质含量丰富，东部多呈酸性，西部含有石灰，在北方一些低洼地区土壤盐分累积明显甚至形成盐土。本区河流湖泊众多，属于外流区。河流以雨水补给为主，水量丰富。本区集中了全国总径流量的 80% ～ 90%。但由于气候的影响，南北差异甚为明显。长江流域及其以南地区，占有全国径流总量的 70% 以上的水量，但其耕地面积只占全国的 30%。华北平原及其以北地区的径流量仅占全国的 10% 左右，而耕地却占全国的 50% 以上。温度的南北差异成为本区地域分异的主导因素，并由此引起植被、土壤类型、耕作制度、变种指数、作物布局的地区差别。

西北干旱区深处内陆，距海遥远，周围又有高山、高原环绕，来自海洋的湿润气流很少能够到达，因此降水甚少，气候干旱。植被以荒漠、荒漠草原为主。土壤中含多量盐碱甚至形成盐壳和石膏壳，有机质含量低，以棕漠土、棕钙土、栗钙土为主，呈碱性到强碱性反应。水系极不发达，大部属内流区，河网稀疏，流程甚短，水量很小。湖泊多为咸水湖或盐湖。除银川和河套平原有地面水供给外，主要依靠高山冰雪融水进行灌溉，由此形成山前绿洲农业的景观。本区自然条件适宜发展畜牧业。可耕土地很多，光照、热量资源丰富，有利于栽培耐干喜温、光照充足的植物，如棉花及葡萄、哈密瓜、苹果等瓜果。

青藏高寒区平均海拔 4 000 米以上。本区横亘着多条 1 000～2 000 千米以上的既长又高的山脉，有不少高峰超过 6 000～8 000 米，如珠穆朗玛峰号称"世界屋脊"。高山上部分布着永久积雪和现代冰川。山脉之间镶嵌着一些海拔较低的宽谷和盆地，如雅鲁藏布江中游谷地、柴达木盆地。本区海拔高，大气透明，辐射强烈。气温低，平均气温大部分地区在 0 ℃以下，藏北高原还是全国夏季气温最低地区。本区降水量东南部较多，约 400 毫米，西北部则在 200 毫米以下。青藏高原虽是许多大河的源头，但其内部水系很不发达，

▼ 山地植被垂直带谱

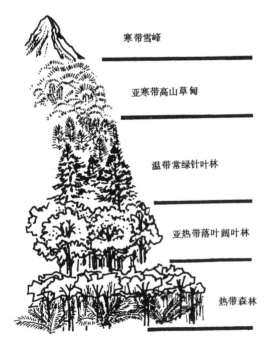

寒带雪峰

亚寒带高山草甸

温带常绿针叶林

亚热带落叶阔叶林

热带森林

虽有众多湖泊分布，却多为咸水湖或结晶的盐湖。本区植被以高寒草原、高寒草甸和高寒荒漠为主，还有大面积沼泽分布。在高原东部和南部湿润的山地分布有森林。藏南谷地和湟水谷地上游是本区主要农业区。高原农业上限约达 4 500 米，是我国小麦、青稞的高产地区。本区有不少高原特有动物，如藏羚羊等，是我国重要的畜牧业基地。

（甘德福）

土地资源大国的忧虑

～～～～～～～～～～～～～～～～～～～～～～

    土地，是人类生命的根本所在；它又是农民最基本的生产资料和最可靠的生活保障。

    我国国土辽阔，拥有 960 万平方千米的土地面积，占全球陆地面积的 6.42%。就国土面积而言，位居世界第三，仅次于俄罗斯和加拿大。因此应该说我国有着丰富的土地资源，是土地资源的大国。尽管如此，我们仍不能自我陶醉，盲目乐观。恰恰相反，我们应该看到，我国的土地资源不仅存在某些先天条件的不足，还受到人口急速增长及后天生态变化的威胁。

    先说先天不足。大家知道我国国土的特征是山地多、平地少；干旱、高寒区域占有相当大的面积。这使全国可耕地面积仅占陆地面积的 10.5%，是世界可耕地的 7% 左右，比例很低。更令人忧虑的是，由于我国人口众多，按现有人口计算，每人只能分到 1.5～2 亩土地，而世界人均占有土地面积为 5.5 亩。显然，若人口再继续无限制地增长下去，这有限的土地资源将无法满足人们的需要。

更为严重的是，这有限的可耕地近年来由于受到气候变化和过度开垦的影响，正受到无情的侵蚀，荒漠化威胁不断加剧。据调查，从 1949～1960 年，我国有 11 个省 207 个县约 6 万平方千米的土地变成沙漠，15.8 万平方千米的土地正在沙漠化，还有 0.59 亿亩农田、0.74 亿亩草场、2 000 千米铁路和公路正受着沙漠的威胁。沙漠约以每年 1 560 平方千米的速度在扩展。而最近中科院通过卫星调查发现，近些年来沙漠化的趋势不仅未得到遏制，反而在加剧。卫星调查表明，截至 2000 年底，有 40% 的国土发生土壤被侵蚀的现象，全国受荒漠化影响的土地面积达 262 万平方千米，占国土总面积的 27.3%；而且每年仍有近 4 000 平方千米的土地在荒漠化，相当

▲ 风沙掩埋长城

于每年有 2 个县的可耕地被荒漠所吞噬。甚至首都北京也在遭到沙漠步步紧逼的威胁。卫星显示以内蒙古多伦县沙区为沙源，以御道口牧场为顶点，形成 4 条沙带，移动沙丘 90 万亩，正以年均 26.4 米的速度向东南推进。目前在北京北面的丰宁县境内已有大小流动沙丘 80 多处，距北京怀柔区界直线距离仅 30 千米，并且每年以 3.5 千米的速度向南移动。显然，如果这一趋势得不到遏制，不出十年北京郊区就会有沙丘分布。事实上，近年来频频肆虐北京和华北、西北各地的所谓"沙尘暴"，就是沙漠化的一种表现。

必须指出，荒漠化的威胁并不仅仅出现在相对干旱的我国北方地区，甚至素有"植物王国"美称的云南也未能幸免。据 1995 年的调查，该省也有十几万亩土地出现不同程度的荒漠化。

有人指出，造成土地荒漠化，固然有气候方面的原因——气候转暖、雨水偏少、大风吹扬、沙石沉积，但根本的原因则在于人为经济活动的不合理。有人认为，我国土地沙漠化，85% 是滥垦滥牧的结果，还有 9.5% 是因资源利用不当和采矿建设破坏的结果，只有 5.5% 是自然因素。

滥垦滥牧必然引起森林和草地的毁灭，使土地暴露在阳光和大气之下，加速风化，于是水土流失加剧，土地便向荒漠转化。早在 19 世纪 80 年代恩格斯就曾指出：美索不达米亚、希腊、小亚细亚以及其他各地的居民，为了得到耕地，把森林都砍完了，但是他们没想到，这些地方今天竟因此成为荒芜不毛之地，因为他们使这些地方失去了森林，也失去了积聚和贮存水分的中心。今天，我们不是正在重复着恩格斯所指出的这种错误吗?!

云南东川则是采矿导致荒漠化的典型实例。这里本是绿树成荫、草木葱茏的亚热带山区。但自从这里发现丰富铜矿藏以后，人们不仅开山剥土采掘矿石，还大量砍树烧炭用于炼铜，致使植被受到严重破坏。缺少植被保护的裸露土地，极易遭到山区雨水的强烈冲刷，泥石流灾害频频发生，以致在各大小河谷的出口处形成了一个个大小不等的扇形荒石沙滩。山坡也因砂土被剥离而变成光秃秃的不毛之地。

值得注意的是，我国有限的耕地资源，不仅受到荒漠化的威胁，还受到一些以经济建设为借口的人的肆意侵占。如被称为我国"钢铁第一大案"的常州铁本事件。一些当事人未经任何合法的审批手续，便强行侵占大量土地，致使 4 000 余名农民因耕地被占而不得不背井离乡。类似的情况在其他省市也时有发生。国土资源部报告指出：近 7 年内，全国已因合法和非法占用耕地的总数在 1 亿亩以上，占全国耕地总数的 5% 还多。若不加以限制，让其继续蚕食下去，必将带来更严重的后果。

总之，我国虽然有着辽阔的国土，但由于先天的原因，可耕地面积却相对有限，而且这有限的耕地还正遭到荒漠化和人为侵占的双重蚕食。如果这两种现象不能得到有效控制，再加上人口增长对土地资源的需求，未来耕地资源紧张的程度将可想而知。

据《中国耕地质量网》报道：1997 年 6 月以来中科院与国家统计局合作，利用遥感和地理信息系统技术，对全国县级土地资源进行调查研究，并于 1998 年 12 月公布了调查结果。调查表明，过去 15 年中，我国耕地面积总量变化不大。但东部地区优质耕地面积急剧减少，西北部大量的草地、湿地和荒地被开垦。这导致我国耕地中心向西北移动了 28.34 千米，并使我国耕地生态背景质量下降了 2.52%。由于生态环境背景质量的差别，新开垦耕地不仅在开垦和利用中需要很高的投入，更重要的是带来对区域生态环境的潜在威胁。

据此，调查者建议：政府部门应采取切实可行的措施，加强对现有耕地，尤其是质量好的耕地的保护。又我国现有 2.52 亿亩耕地后备资源，其中质量较好的一、二等地为 1 897.99 万亩。它们应是今后优先开发利用的对象，但开发时必须充分考虑当地的客观条件，提高其利用率，避免因开发而带来的负面效应。

（张庆麟）

矿产资源大国的困惑

～～～～～～～～～～～～～～～～～～

　　我国国土辽阔，矿产资源丰富。据国土资源部统计，截至 2003 年初，我国已发现的矿产资源种类有 171 种，也就是世界上已知的矿产资源种类中除极个别的种类外，在我国均有发现。其中已查明拥有一定储量的 158 种，包括能源矿产 10 种，金属矿产 54 种，非金属矿产 91 种，水气资源 3 种。已发现的矿床、矿点有 20 多万处，其中已查明储量的 1.8 万处。已查明的矿产资源总量大约占世界的 12% 左右，居世界第三位。其中探明储量占世界前 5 名的矿种有 26 种。如煤、钨、钼、锡、钛、稀土、石膏、膨润土、芒硝、菱镁矿、石墨等，它们各自的探明储量均位列世界第一或第二。但是当我们在庆贺我国矿产资源丰富的同时，也不能不忧虑地看到，我国的矿产资源也存在一些不足。主要表现在以下几个方面。

▲ 新疆的哈图金矿

首先，我国矿产资源虽然十分丰富，总量巨大，但由于我国又是世界人口最多的国家，因此远不能说我国是资源丰富的国家，甚至可以说是相对贫乏的。已知的人均矿产资源占有量仅及世界平均水平的一半多一点（58%），排名世界第53位。

其次，虽然世界上已知的各种矿种在我国均已有发现，但仍有少数几种矿种相对短缺，或者已探明的储量远远不能满足国家经济建设的需要。其中最突出的是铬、钾盐、金刚石、贵重宝石（如红宝石、祖母绿等），以及油气资源等。另外还有些矿产虽然拥有一定储量，但却由于消耗过快，出现后备资源不足的隐忧。如铁、锰、铜等重点矿产均已在不同程度上出现这种情况。

第三，我国的矿产资源还存在以下四个明显的结构性矛盾。一是贫矿资源比重大，难利用的多。如已发现的石油资源，大多属产量低的贫矿。铁矿的平均品位只有33%，比世界铁矿石的平均品位要低10%还多，其中，能直接入炉炼铁、炼钢的仅占铁矿石总量的2.7%。锰矿的平均品位是22%，还不到世界锰矿石平均品位48%的一半。而且我国的锰矿还多属难以选炼的碳酸锰。硫矿，主要是不能直接利用的硫铁矿，而且一级品的富矿仅占硫矿石总量的 2.5%。其他如铝矿、铜矿、磷矿等也都存在类似的问题。二是我国的矿产资源还大多存在组分复杂、共生伴生矿多的现象。已知有 80 多种矿含有共生或伴生矿，其中尤以有色金属矿最为突出。如有些铅锌矿，同时含有其他可利用金属 50 多种。应该说含共生伴生矿多是好事，有利于充分利用资源，降低开采成本，提高矿石的含金量，满足人们对多种资源的需求。但缺点是它大大提高了对此类矿石的选矿和冶炼的难度，使许多本已十分成熟的用于选冶普通矿石的技术工艺变得无能为力，人们不得不绞尽脑汁去研究、设计一套适用于此类矿石的新工艺、新技术。有些就因为这些新工艺、新技术迟迟未能取得突破，不得不暂时搁置这类矿石的利用，使之变为"呆矿"。三是我国的矿产资源还以中小型矿和井下开采矿居多，缺少大型、超大型和适于露天开采的矿。如铁矿，迄今在我国境内尚未发现任何一个像巴西、美国、俄罗斯等地所发现的那样特大型富矿。又如铜矿，在国外储量超过 500 万吨的超大型铜矿有 60 座，其中有一半储量在 1 000 万吨以上，而我国迄今仅发现 2 座——江西德兴和西藏玉龙，储量在 500 万吨以上，目前还未发现有千万吨以上的特大型铜矿。又如金矿，我

▼ 新疆阿尔泰山的自然金

国迄今还未发现储量在 100 吨以上的大型金矿；储量在 60 吨以上的金矿也仅有 5 处，占全国已发现金矿产地的 0.54%；也就是在全国已发现的金矿中，超过 99% 都是储量小于 60 吨的中小型矿。再如煤矿，虽是我国具有相当优势的矿种，无论在储量和质量上均位列世界前列，但却大多埋藏较深，不适合露天开采；埋藏浅、适于露天开采的仅占煤矿资源总量的 7%，而且主要还是煤化程度低、发热量低的褐煤。在其他重要矿产中，可露采的比例也都很低。如镍矿小于 10%，硫铁矿小于 15%，铜矿小于 20%，铝土矿小于 30% 等等。四是我国矿产资源还存在分布不均、产区和加工消费区错位的现象。如已探明的煤矿资源 90% 集中在华北、西北和西南，而这些地区的工业产值仅占全国的 30% 还不到；而占全国工业产值 70% 以上的华东、中南和东北地区却仅有 10% 左右的煤矿资源。又如我国的磷矿资源 70% 集中在云、贵、川、鄂四省；铁矿资源则集中在辽、冀、川、晋等省。正由于这种分布上的局限，我国北煤南调、西煤东运、西电东送、南磷北调的格局将长期存在。

还要指出的是，我国矿产资源正遭到恣意糟蹋和浪费，从而加重了资源危机。在新疆，一般油井的采收率能达到 40%，但在陕北，一些油井的采收率竟不到 20%。这意味着每探明 1 吨油就将有 800 多千克注定会白白浪费掉。

当人们在为我国矿产资源相对短缺而忧心忡忡时，也不必过于悲观。我国国土辽阔，许多地方特别是西部、海域和地深部拥有发现新矿产的很大潜力。

鉴于我国矿产资源的现状，人们建议应采取以下 8 点对策：

1. 首先应确立十分珍惜、合理开发利用、有效保护矿产资源的指导思想。严厉打击滥采滥挖、采富弃贫、采易舍难的行为。

2. 国民经济发展要走资源节约型的道路，把提高资源利用率、杜绝浪费作为重中之重来予执行。

3. 要立足开发国内矿产资源为主，适度利用国外资源。

4. 要依靠科技进步，充分开发利用贫矿和共生伴生矿，走人造富矿的道路，积极寻找其他可替代资源。

5. 要综合勘查、综合开发、综合利用矿产资源，做到一矿多用，尽量实现无尾矿生产。

6. 矿产勘查开发，要针对大中小矿的情况，统筹兼顾。既勘查开发大型特大型矿，也勘查开发中小型矿，力求不遗漏点滴资源。

7. 矿产开发的布局规划要作合理的安排，尽可能地改变产地和加工消费区严重错位现象。

8. 地质勘查必须超前先行，为矿业和国民经济的持续稳定、发展提高备好矿物原料基地。为此需加大对西部、近海和地深部的勘查力度。

（张庆麟）

绿色中国的环保元素

～～～～～～～～～～～～～～～～～～～～～～～

　　资源的高消耗，利益的低效率，以破坏环境为代价换来的 GDP 增长，如果把各种环境污染造成的损失加起来，GDP 增长未必是个正数。如 1995 年统计，我国仅酸雨造成的直接经济损失高达 1 100 多亿。为此中央领导提出科学发展观，中国提出了绿色 GDP 的概念。

　　所谓绿色 GDP 概念，就是要人口、资源和环境得到全面、协调和可持续发展，更全面、更客观地评价经济、社会运行的质量和效果，真实体现国民经济增长的效益。只有把对环境破坏造成的损失进行评估研究，开展绿色核算，才能获得真实的国民经济增长值。党中央国务院已开始弱化我国现行的过强的 GDP "指挥棒"作用，把环境的一些质量指标纳入干部政绩的考核里去。环保成为绿色 GDP 的重要元素。

我国的环境保护压力很大。国家环保总局发布《2003 年中国环境质量状况》显示：对全国 340 个城市监测，达到国家环境空气质量二级标准（即居住区标准）的城市有 142 个，占 47%；空气质量为三级的城市 108 个，占 31.8%；劣于三级标准的城市 91 个，占 26.5%。说明受监测城市中，一半以上达不到居住区标准。影响城市空气质量的主要污染物仍是颗粒物质，54.4% 的城市颗粒物浓度超过二级标准；二氧化硫污染较重的城市主要分布在山西、河北、河南、湖南、内蒙古、陕西、甘肃、贵州、重庆和四川等地区。

　　噪声污染仍是城市居民反映最为强烈的环境问题之一。在全国受检测的 352 个城市中，仍有 2 个城市（陕西延安和辽宁铁岭）的区域环境噪声属于重度污染，9 个城市属于中度污染，105 个城市属轻度污染，其余一半以上城市区域环境质量较好。

　　2003 年全国酸雨污染呈加重趋势，在监测的 487 个市、县中，降水年平均 pH 值小于或等于 5.6 的城市有 182 个，占 37.4%，与上年相比上升了 4.8 个百分点。pH 值小于 4.5 的城市比例增加了 2.8 个百分点。

　　我国人均占有淡水量本来就远远低于世界平均水平，水质污染更加剧了我国的用水紧张，特别是城市缺水严重。为了保护水资源，推动社会和公民节约用水，国家环保总局用水价杠杆（每吨水价涨到 5 元）来制约，同时制订节水措施，加大污水处理厂建设，实现废水再利用。

▲ 人间天堂

机动车尾气污染是城市的元凶。为治理机动车尾气，北京2005年实施欧Ⅲ标准。国家对于生产排放达到欧Ⅲ标准车型的企业继续实行减税政策。国家环保总局出台的《机动车污染防治规划》，其中涉及新车、在用车和油品三方面问题。

2004年4月21日召开的电子废物与生产者责任国际研讨会透露，全球70%的电子废物流入中国。中国广东省潮阳市贵屿镇成为北美洲电子垃圾场，浙江省台州市也正在步贵屿的后尘，成为又一个电子垃圾场。废旧电脑、电视机、电冰箱、洗衣机、手机等电子垃圾在拆卸、熔焊、焚烧等过程中，产生大量二噁英、铅、铍、镉、汞等有毒气体和有毒物质，对环境污染和对人体伤害将是致命的。据汕头大学医学院调查贵屿镇从事电子垃圾处理的418人，88.1%健康状况明显不如从前，疾病症状主要是头痛头晕、咳嗽吐痰、反酸嗳气、胃炎、腹痛和关节酸痛等中毒症状。为治理电子垃圾，我国将颁布《电子信息产品污染防治管理办法》，采取"治理与预防"并举，治防结合，避免走"先污染，后治理"的老路，实施回收、处理、再利用的可持续发展之路。

我国环境治理任重道远，"排队"待解决问题很多，如森林保护、城市垃圾分类处理等等。

　　环境治理首先要提高我国公民的环保意识和行为，大力开展环保科普宣传，特别要在青少年中间进行环保教育，从小学开始设立环保课程，引导孩子们从身边的小事做起。环保是关系到子孙后代的大事，我们的希望在未来。

　　环保既是政府的事情，又是各行各业和全体公民的事情，应该大力发挥非政府环保组织的作用，以较低的成本和较高的效率去解决政府无暇顾及的问题。发挥社会团体的作用，进行全民科普活动，让每个公民认识到，我国的人均资源和环境容量从来没有像现在这样紧这样低，人口和经济发展又从来没有像现在这么多这么快。这是中国环境问题的根源。我国在实施绿色 GDP 过程中，每个公民都应该成为绿色中国的环保元素。

（甘德福）

人口与资源

〰〰〰〰〰〰〰〰〰〰〰〰〰

　　近年来，"地球村"这个词已经普遍被接受。它意味着全世界人类，彼此都是邻居，"全球一体，休戚相关"。地球也的确像村落一样，变得越来越小了，科技超越时空，局部失调很快就会影响全球；人类寿命的延长和生育率的提高，使有限的生活空间和食物不够分配；废物无处排除，污染来不及净化……地球"村落化"之后所带来的种种问题，终将导致人类自取灭亡的悲剧！

　　地球由于具有空气、阳光供给的能量，水及森林等资源，孕育着各式各样的生命。从生物学角度来看，人类只是自然界的一员，和草木虫鱼的地位一样，都在努力求生，死亡之后也回归于自然。所不同的是我们具有发达的大脑，才能在数千年之内，创造出可观的文明。

　　文明的创造力固然可观，不过比起大自然生生不息的能力，则又太渺小了。相反，文明的破坏力却不容忽视，它足以扰乱大自然的平衡，使数百万年孕育而成的物种迅速灭绝，最后必然要威胁人类自己的生命。

文明的人类是大自然中最有智慧的造物。随着科技的发达，我们越来越有能力影响这个大环境。但是要继承这个地球，并且持续丰富它的生命，人类必须先了解大自然给我们的种种资源，以及它运作的原则，然后合理、持续利用资源。

现代的人类大约从 30 万年前开始算起，估计曾经在地球上生活过的总人口数大约是 470 亿。每个时代的全球总人口视战乱、饥荒、瘟疫及天灾的发生而有所改变，愈到近代，总人口数增长愈快。目前生活在地球上的人口，已经超过 50 亿。由于医药发达、粮食生产充足及战乱减少，促使人口高速增长。今天地球上人口增长的速度非常惊人，差不多每眨一下眼睛，就有一个新生儿来到这个世界上，照这样的趋势下去，到 2025 年，全世界人口将达 82 亿之多。到 2800 年，地球上每 40 平方厘米的陆地将有一个人，就像站在上下班高峰时间的公共汽车中，互相紧靠着一样。尤其令人担心的是，人口大幅增加的地区主要在非洲、亚洲、大洋洲，这些都是目前经济发展较落后的地方，其粮食生产不足、医疗条件简陋及教育水准低下的状况一时难以改善，这沉重的人口包袱将越来越重。特别是中国人口压力更为严重，在 1986 年总人口已经突破 10 亿大关，现在已有 13 亿人口，再过 30 年，可能会达到 20 亿左右，所以必须有效控制人口增长。

人口问题是当今世界上最重要的社会问题之一，是土地、粮食、自然资源、环境污染等重大问题的交织点。人口问题与全球性的生态不平衡有着密切的关系，往往形成恶性循环。

人口的迅速增加，使人群的空间分布土地问题尖锐化起来，在地球的总面积中，陆地只有1/4，为1.35亿平方千米；可耕地面积只占8%，牧场占15%，森林和丘陵占27%，其余的就是无法利用的冻土、沙漠和山地。现在中国城市住房用地相当紧张，农村已禁止用耕地造房。人们的衣食住行都需要一定空间，如果人口无节制增长，人类将无立锥之地。

人口迅速增长，淡水不足的问题就随之凸显了。虽然水面积占地球表面积的70%，但其中97%是海水，淡水资源只占2%，实际上可取用的淡水还不到十万分之三。目前地球上陆地面积的60%已面临淡水不足的问题。我国北方城市很多已闹水荒，实施长江南水北调，以解决农田灌溉和城市用水问题。许多国家防止水荒的呼声日益高涨，而海水淡化目前成本太高。再加上河水污染严重，因水质污染而引起的疾病也十分严重，目前约有1/4的病人的疾病是因水污染而引起的。

人口增加、工业发展，引起大气污染，大气中 CO_2 浓度增加、降雨减少、导致干旱，农作物歉收。20世纪中期粮食生产虽增加了一倍，但粮食的生产和消费量与人口的分布密度极不相称。发达地区人口11亿消费粮食一半，而不发达地区人口占 70% 只能消费另一半。1/4 人口无法获得足够的粮食，富人的猫、狗比穷人吃得还好。

　　人口迅速增加，造成资源缺乏、能源紧张，只能开垦土地、采伐森林，却损毁了全球生态系统的结构和功能。森林大量砍伐，使水土流失、洪水为害，许多生物濒临灭绝，沙漠化加剧。如黄土高原，原来是茫茫的林海、草原，在那里曾生活着黄河古象和各种动物。由于人口密集、过度开发，现已严重沙化，人口也减少了。

　　由于人口急速增长，引起了粮食短缺，闹水荒，水源、空气污染严重，森林被砍伐、生态失去平衡，洪水、干旱连年不断，酸雨又使农作物受损，许多由污染等引起的疾病如癌症等已成为常见病。所以必须控制人口发展，保持生态平衡，使自然资源持续发展，保护生物物

◀ 充分利用耕地面积

种的多样性，促进人类健康生存和持续发展。地球只有一个，爱护和珍惜"地球村"的有限自然资源，是地球上每一个人的责任。

（陈　彬）

知识链接

人口与资源

全球人口密度最高的城市：

1. 印度的孟买；

2. 巴基斯坦的卡拉奇；

3. 印度的加尔各答；

4. 尼日利亚的拉各斯；

5. 中国的深圳；

6. 韩国的首尔；

7. 中国台湾的台北；

8. 印度的金奈；

9. 哥伦比亚的波哥大；

10. 中国的上海。

保护地球任重道远

地球是我们人类的共同家园，为我们提供了休养生息的场所，也是我们丰富的衣食来源。没有地球，也就没有人类的存在。即使在人们已经能够跨出地球的今天，地球对人类来说仍是不可或缺的唯一家园。迄今在浩瀚的宇宙中，那恒河沙数般难以计算的天体之中，我们还找不到任何一个可以替代地球的天体。地球只有一个，保护地球，保护我们的生存环境，非常重要和紧迫。

那么怎样才能保护好地球呢？保护地球首要的是避免战争。大家知道，战争的破坏力是十分巨大的，且不说它会使许多生命死于非命，会使人们历年积累的经济建设、文化成果等毁于一旦，还会给地球环境带来严重的破坏，甚至是毁灭性的打击。以 1991 年的海湾战争为例。当时战败的伊拉克从科威特撤退时，放火烧毁 732

处油田，顷刻间乌黑的浓烟在海
湾上空飘荡。据世界资源研究所
的调查发现，远在 288 千米外的
某个伊朗农庄，空气中也弥散着
来自科威特浓烟的污染物；该地
农田中甚至还沉积有飘来的未烧
尽的石油，它们形成大块黑色胶
泥，导致农田无法耕种。我国中
科院的调查发现，远离科威特
3 500 千米外的世界第一高峰珠
穆朗玛峰的南坡和北坡，都受其

▲ 保护地球

影响下起了"黑雪"。环境的严重破坏也殃及许多无辜的
动物。许多飞临科威特上空的候鸟因受有毒气体的熏烤，
纷纷从空中坠落死亡。成千上万只海鸟由于羽毛沾满油
污无法飞翔而死，以致其腐烂的尸体在海岸边积成厚厚
一层。海中的鱼类也没有幸免，在海湾的海域中不时可
以看到包括海豚在内的海洋动物的尸体……恶劣的环境
还使几千名美国军人、普通伊拉克人和包括我国驻伊使
馆的工作人员和记者患上了所谓的"海湾战争综合征"。

　　海湾战争还只是一个局部地区内的常规战争，就已
造成如此严重的后果，因此完全可以想象到，如果发生
世界范围内的核战争将会给地球带来什么样的灾难。许
多人相信，如果真的发生核大战，世界文明很可能就此
完全毁灭。地球将因被核爆炸所产生的尘埃云长期笼罩，
而进入"核冬天"。植物即使没有毁于核爆炸，也会因长

期照不到阳光而死亡，从而引起地球生物食物链的全部崩溃。所以大战后的地球将会是完全不同于今天的另一个可怕面貌。即使有人能在核大战中幸免于难，恐怕也很难在一个完全陌生的地球上继续生存下去。

避免战争是保护地球的最重要环节，但这当然不是保护地球的全部。要保护好地球，我们还要注意在日常的生活和经济建设中走可持续发展的道路。

什么是"可持续发展"道路？1987年由挪威前首相布伦特兰夫人领导的世界环境与发展委员会在《我们共同的未来》这份世界重要报告中提出的意见被广泛认同。该报告认为可持续发展是指"既满足当代人的需要，又不损害后代人满足需要的能力的发展"。即它有两个基本点：一是必须满足当代人的基本需求，特别是穷人的需求，否则他们就无法生存；二是当代人的发展应该是健康的、有节制的，不能损害后代人满足基本需求的能力。

其实自工业革命特别是20世纪以来，由于生产力的发展，人们的生活发生了巨大的变化，当人们在因生活的改善而自豪的同时，也感受到由于经济建设而带来的一系列环境问题。这不能不使人对未来的发展道路有所反思。对此出现了两种互相对立的观点。一种观点是一味追求发展。他们认为经济增长是社会发展的决定性标志，有了经济就有了一切，因此他们把眼光完全盯在国民生产总值上。为了国民生产总值的增长，他们完全不计后果，不惜牺牲环境，肆意掠夺地球资源，任意排放工农业废弃物。结果是虽然经济上了一个台阶，但环境却遭到严重破坏，河水变为黑臭的污流，蓝天变得灰蒙蒙，肥沃的土地变得贫瘠和荒漠化，害虫、怪病不断出现……所有这些使许多有识之士逐渐认识到，这是一条错误的发展道路，继续走下去，很可能会葬送人类前途。在反思这一模式时，也有悲观论者走向另一个极端，如20世纪60年代出现的"罗马俱乐部"学派。他们认为，当前出现的一系列环境生态问题，其祸害的根源都是经济建设，为了不再对环境产生破坏，他们主张应该在全世界范围内停止物质资料和人口的增长，回到"零增长"的道路上去；甚至主张一切回归自然。如果真这样做，世界文明就会停滞不前。一些已发展的富国将保持它们的既得利益，未发展的穷国将永远处于贫穷落后的状态。这当然不会被世界上广大的第三世界国家所接受。

正是在上述两种发展道路都被否定的情况下，走可持续发展道路这一新的模式逐渐成为人们的共识。人们还认识到走可持续发展道路，涉及可持续经济、可持续生态和可持续社会三方面的协调统一：

第一，在经济可持续发展方面，要鼓励经济增长，反对以环境保护为由取消经济增长。但在重视经济增长的数量同时，更重视经济增长的质量；坚决反对以"高投入、高消耗、高污染"为特征的生产模式和消费模式，实施清洁生产和文明消费，以此提高经济活动中的效益。

第二，在生态可持续发展方面，主张经济社会发展要与自然承载能力相协调，在发展的同时必须保护和改善地球的生态环境；强调发展是有限制的，要控制在地球的承载能力范围内，并力求在发展的同时，积极处理和改善历史上遗留下来的环境问题，使地球处于良性的生态循环中。

第三，在社会可持续发展方面，强调社会公平是环境保护得以实现的目标。主张发展的本质应包括改善人类的生活质量，提高人类健康水平，创造一个保障人人平等、自由，有人权、有受教育和免受暴力的社会环境。也就是说，在人类可持续发展的系统中，经济可持续发展是基础，生态可持续发展是条件，社会可持续发展才是目的。

人们相信，如果人们都能坚持走这一可持续发展的道路，必能与地球和谐相处，既使人类的文明更上一层楼，又能保护好我们的地球。在贯彻可持续发展时，人们认为要提倡和推行"3R 原则"，即减量化（Reduce）原则、再利用（Reuse）原则和再循环（Recycle）原则。

"减量化"是可持续发展社会倡导的行为规范和做事准则。它要求用尽可能少的原料和能源投入来达到既定的经济目的。

"再利用"则要求人们制造的产品和包装容器，能够以初始的形式被多次反复地使用，而不是一次性地消费，告别用完就扔的消费陋习。

"再循环"就是要让物品完成其使用功能后，能重新变成可以利用的资源，而不是成为不可利用的垃圾。也就是说要发展循环经济，组织起一个"资源—产品—再生资源"的物质反复循环流动的过程。

（张庆麟）

有待开发的新能源

～～～～～～～～～～～～～～～～～～～～～～～

  "能源危机"一词，对许多读者或许并不陌生。事实上报刊上关于能源危机的报道连篇累牍。伊拉克战争以后世界石油价格节节攀升，似乎更印证了世界能源危机的逼近。有人甚至预言作为当今世界主要能源的石油，到 2020 年其产量将会迎来最高峰，以后将逐年下降，到 21 世纪中叶很可能会面临枯竭。

  对于这种悲观的论调，乐观派们不以为然，他们认为事情远没有达到这种窘迫的程度。法国石油研究所所长顾问兼首席工程师贾内西尼说：如果我们现在只是讨论已知的石油储藏量，那么，这个数字大约是 1 万亿桶，够我们 36～40 年之用（按目前的消费速度计）。不过他认为地下尚有约 1 万亿桶石油有待发现。他还指出：由于技术方面的原因，以往油田的开采率只能达到 35%～40%，若改进技术，开采率有可能提高到 55% 以上，这将使许多本已废弃的油田重新焕发青春。这样大约又可以增加 1 万亿桶的储量，也就是说我们还有 3 万亿桶石油可供开采，够我们再消费 120～150 年。

且不论乐观派和悲观派孰是孰非，但我们可以相信，石油作为一种不可再生资源，总有一天会面临井干油枯的局面。那么，一旦出现这种情况，我们将怎么办呢？我们不必恐慌。科学家们认为，虽然石油是一种易于利用、相对廉价的能源，但却不是地球上唯一可利用的能源。事实上我们还有多种能源可供选择。

煤炭和天然气也是人们最常使用的一种矿物能源。其中煤的利用史比石油还早，但它们的使用会给环境带来十分不利的影响。它们会释放温室气体，会带来酸雨和大量粉尘，因而不是一种清洁的能源。何况它们和石油一样总有用尽的一天。加之煤炭还是一种重要的化工原料和冶金工业的重要辅料，把它用于燃烧实在是一种浪费，所以它们不是未来理想的新能源。

核能曾被誉为 21 世纪的能源。它拥有巨大的潜力。1 千克铀原子裂变所产生的能量，相当于 2 500 吨标准煤释放的能量。一个 10 万千瓦的核电站，每昼夜只需消耗 250 克铀。所以发展核电站曾受到人们青睐。从 1954 年苏联建成第一个核电站至今，全球已有核电站近 500 座，发电量近 40 万兆瓦，约占全球总发电量的 17%。有人估计到 2030 年，核电站的发电量可能占全球总发电量的 70%。然而是否发展核电站一直是一个备受争议的课题。赞成者认为它潜力无穷，不用担心会发生资源危机，而且发电成本相对低廉。但反对者却担心它会给地球带来难以预料的灾难。美国三里岛核泄漏事件、苏联切尔诺贝利的核灾难人们至今还记忆犹新。另外，还有难以处理的核废料问题。这使绿色和平组织一再动员社会力量来抵制核电站的建立。

水力能曾被认为是一种可再生的绿色能源，世界许多地方都拥有丰富的水力资源。如我国就拥有河流水能约 6.76 亿千瓦，其中可开发的是 3.76 亿千瓦，但目前仅利用了 9.5%；1990 年水力发电量仅占我国发电总量的 19%，可见潜力非常巨大。但水力能的缺点是分布不均匀，集中在山区，这使其开发利用困难重重，建设周期较长，初期投资较大。另外，人们发现水力能的开发并非完全清洁无害。实际上筑堤拦水，给堤区的生态环境带来了预料不到的不良后果。此外拦水也引起地区间在用水方面的矛盾。近来我们不时可以看到关于民众反对修

▲ 太阳能开发

建水电站的报道。

太阳能可说是一种最佳的可再生的绿色能源。地球上每分钟每平方厘米就会接受到来自太阳的热量 1.97 卡。也就是说太阳每年会把相当于 186 万亿吨煤燃烧所产生的热量送入地球。186 万亿吨煤可不是一个小数目，要知道目前全球年能源消耗约相当于 40 亿吨煤，仅为其十万分之二。因此若能充分利用太阳能又何愁能源不足。然而遗憾的是，迄今太阳能利用的最大障碍是它的转换效率十分低下。目前用来发电的非晶态硅只能将 10% 的太阳能转换为电能。另外要接收太阳能就必须布置大面积的太阳能接收板，而这对于寸土寸金的城市来说也很难完成。再者太阳能利用还受到季节、阴晴、昼夜等自然因素的影响。正是这些因素的制约，使太阳能的利用迄今仍未能占据重要的地位。但人们正在研究在月球或太空中建设太阳能发电站，并将电能传送回地球的可能性。若能成功，将会大大改善地球能源供应的不足。

地球还拥有巨大的风能。目前全球已利用风能发电 23 300 兆瓦，其中德国最多达 8 000 兆瓦。风能也是一种可再生资源，但它的发展也受到地域、场地的限制，另外它虽然相对洁净，不会产生什么污染物，却存在噪声问题，所以不宜建于人口密集的地区。

可燃冰是近代发现于深海底的一种气水化合物，是天然气（甲烷类）与水结合而成的冰状晶体。一立方米可燃冰释放出来的能量相当于 164 立方米的天然气，所以是一种高效的能源。据调查目前全球已在84处海域，包括我国的东海和南海发现有可燃冰。有人估计，全球可燃冰所蕴藏的总能量，是世界所有煤、石油和天然气总和的2～3倍。只可惜由于它深埋海底，其开采和运输存在诸多困难，迄今尚无一个完美的方案，致使这一很可能成为石油替代品的高效能源，目前还未被正式利用。

除了上述能源外，在我们地球上，还有地热能、潮汐能、氢能等等。限于篇幅，就不再一一赘述。

据统计，我国的太阳能资源十分丰富，全国2/3以上地区日照时数大于2 000小时，理论上的太阳能储量高达17 000亿吨标准煤。

为了能充分利用太阳能，设在合肥工业大学的教育部光伏系统工程研究中心的专家们建议，推动"中国屋顶计划"，利用建筑物的屋顶来采集太阳能。他们还在合肥工大逸夫教学楼顶，示范性地竖起了99块太阳能电池板，并成功地实现了太阳能并网发电。

除屋顶外，所有闲置的场所都应该有可能成为太阳能的采集地。例如他们还在荒郊野外的铁路道口，如栽萝卜般地随意安置太阳能电池板，并让它们按照需要时间、自然光的强弱自动控制启动或关闭，从而在合肥火车站建成了我国第一块太阳能铁路道口指示牌。

他们还在新疆塔克拉玛干沙漠中的大玛扎村建立"光伏水电联供系统"，为当地400多人和一所民族学校解决了用电和饮水问题。该中心还研制有拥有自主知识产权的太阳能旅游观光车等等。因此可以相信，在人们的不断努力下，太阳能的利用必将在更广阔的领域中实现。

（张庆麟）

人口爆炸

当今人口问题之所以引起如此高度的关注，是因为近世地球人口的增长已有失控的危险。据调查，从公元初到公元 1000 年，世界人口基本上维持在 2.3～3 亿之间。当时由于人们的生产力低下，很难抗衡天灾、疾病的威胁，加上频频发生战争，使世界人口常常不增反减。16～17 世纪时，文艺复兴带来的技术进步，使人们具有了一定的防治天灾和疾病的能力，于是人口有了迅速增长，1650 年全世界大约有 5 亿人。到 1850 年，这 200 年间，人口翻了一番达到 10 亿人。从这第一个 10 亿开始，人口便出现了明显的加速上升趋势。仅过了 80 年，1930 年达到了 20 亿；30 年后的 1960 年是 30 亿；15 年后的 1975 年是 40 亿。尽管这时人们已越来越注意到人口问题的严重性，如我国已开始执行一对夫妻只生一个孩子的节制生育的政策，但 12 年后的 1987 年 7 月 11 日，世界还是降生了第 50 亿人；又过 12 年后的 1999 年 10 月 12 日，则出生了第 60 亿人。因此人们估计，如果这一增长的趋势未能得到有效的控制，再过 30 ～ 40 年，世界人口很可能会超过 100 亿。正是人口的这种几何级数的爆炸式增长，被人们形象地称为"人口爆炸"。

　　人口爆炸之所以引起强烈关注，是因为它给地球的生态系统带来极大的冲击和压力，使人类的生存空间显得越来越拥挤。其实前面我们提到的威胁世人的三大危机，其核心就是人口问题。正是愈来愈多的人对衣食住行的需要，使本已捉襟见肘的地球资源更加难以为继，也是越来越多的人所排放的废弃物，不断地加剧了地球环境的破坏和污染。

　　按现在的生产力计算，每增加一个人，就要相应增加半亩耕田来满足他的生活需要。所以，随着人口的剧烈增长，就迫切要求我们努力扩大耕地面积，或者设法提高单位面积产量。扩大耕田，势必以大片森林和草原的毁灭为代价。那样一来，不仅造成了自然界中二氧化碳循环的破坏，还加剧了水土流失、土地恶化，最终导致沙漠化和红土化。历史上美索不达米亚文明的衰落，玛雅文明的崩溃，许多人认为就是过分开垦土地的结果。提高单位面积产量虽可避免扩大耕田，但却常要依赖化肥和农药的使用，结果不仅使土地板结、土质变坏，还会带来一系列环境污染。除了土地和食物问题外，人口增长还必然带来矿物资源与水源、能源消耗的增长。如人们估计每人每日的水消耗量（包括生活用水和为满足他的生活而花费在工农业产品上的水消费），全球平均应在 1 000 升左右（美国高达 8 000 升），因此，通过简单的计算就可以知道，世界每增加 1 亿人口，就将增加多少淡水的消耗。而我们也已

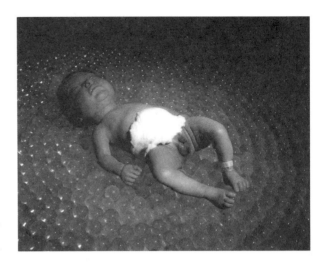

▲ 几乎每一秒钟就有一个婴儿诞生

经知道，地球上的淡水资源是十分有限的，全球已有 1/3 人口面临水荒威胁，所以，它又如何能经受得住不断迅速膨胀的人口对水的需求。

人口增长带来的另一问题，是人类与地球上的其他生物争夺生存空间。据世界自然保护联盟等组织的调查：以鸟类来说，由于人类的出现，从 100 万年前到现在，平均每 50 年有一种灭绝；但最近 300 年间则平均每两年就有一种灭绝。而造成这一状况的根本原因，就在于人类对它们生存空间的侵占。不仅鸟类如此，其他生物也是这样。如华南虎曾是我国南方的一种活跃的猫科动物。20 世纪 40 年代的抗战时期，受饥饿胁迫的华南虎还曾出现在厦门市区。但是曾几何时，由于人类领地的不断扩张，使它们的生活空间越来越小，以致种群也越来越小，现在华南各地已很难再找到野生华南虎的踪迹了。当然，

一种生物的灭绝，不仅仅是少了一种生物的问题，而是会引起一系列的生态环境问题。没有鸟类，昆虫就会大量滋生。而昆虫的繁殖常常以毁坏作物为前提，这又迫使人们不得不加大农药的使用，从而加剧了环境的恶化。环境恶化不仅危害人类自身，也很可能使一些难以适应这一环境变化的物种，趋于灭绝。这一来又引发了另一环链的生态问题，呈现出一而再、再而三的恶性循环。

地球虽然很大，但它的容积毕竟是有限的，它的各种资源也是有限的，因此绝无可能容纳无限增长的人口。所以人类若要生存，若要继续不断地繁衍下去，就不能不限制自身的增长，节制生育，走可持续发展道路是人类必然的选择。

（张庆麟）

地层深处的危机

～～～～～～～～～～～～～～～～～～～～～

　　有一年冬天，日本平塚市郊发现近 20 个奇怪的病人。他们共同的症状是：吃饭时手颤抖不已，握不住筷子；走路时，双脚僵硬，迈不开步子；一天到晚精神恍惚，一会儿哭，一会儿笑……终于有两个病人不治而死，还有一个病人因不堪承受病痛的折磨而投河自尽。为了查明死因，医生们对尸体进行了解剖。结果证明他们是死于重金属中毒。那么，造成中毒的重金属又来自何方呢？经过反复的调查，人们发现所有的病人都集中分布在一个方圆 40～50 米的区域内，而且都使用同一口井作为饮水水源，显然井水是最大"疑犯"。经调查，众多的废旧电池被埋在离水井不足 5 米远的地里。当这些废旧电池破烂后释放出来的大量金属锰，便渗入地下，污染了地下水体。当人们长年饮用含有高量锰的井水以后，

▲ 排入小溪和河流的污水加剧了对地球水资源的污染

便罹患这种奇怪的疾病。"平塚怪病"是地下水体受到人为污染而患病的典型实例。

其实,相对于地表水的污染来说,地下水的污染问题长期以来一直未引起人们的足够重视。人们常常习惯性地认为地下水深埋在地层之中,不易受污染,是一种清洁的水源。然而,事实并非如此,已有的调查表明,地下水的污染也已到了十分普遍的程度,有的更是让人触目惊心的了。这是因为地下世界自古以来就一直是容纳人类一切废弃物的主要场所,不论是污水、垃圾、粪便或尸体,甚至工业废渣、无法销毁的有毒物质,人们往往都有一埋了之的想法。殊不知天长日久,这些物质在地下慢慢渗透、积累,终于使地下水体几乎无可挽回地受到不同程度的污染。

人们发现，近代由于广泛使用化肥，过剩的化肥所产生的硝酸盐就严重污染着地下水。美国加州的一个谷地，地下水中的硝酸盐含量从 20 世纪 50～80 年代，增加了 1.5 倍。我国北京、天津、河北、山东的一些地方，有一半以上被调查地区的地下水中的硝酸盐含量超过饮用水卫生标准的 5 倍，个别地方甚至超标 30 倍。不要小视硝酸盐对人体的危害。专家指出：饮用高硝酸盐水（超标 10 倍以上），可能引起婴儿的所谓"青紫婴儿综合征"，严重者可使婴儿窒息死亡。此外，长年饮用被硝酸盐污染的水，还可能引起消化道的癌症。

硝酸盐污染还只是地下水污染的冰山之一角。人们还注意到石油及其相关化工产品，如苯、甲苯、汽油添加剂等也是地下水污染的常见物。1993 年石油业巨头壳牌公司承认，它在英国的 1 100 家加油站中有 1/3 已给土壤和地下水造成污染。1998 年美国环保局也发现，有 10 万只商用储油罐存在泄漏，其中至少 1.8 万只已给地下水造成污染。饮用被石化产品污染的地下水，很可能是近世癌症患者日益增多的一个重要因素。

有毒元素砷和其他重金属污染，则主要见于生产和使用这些重金属的工矿企业周围的水体中。但随着时间的推移，它们正在扩散到更加广阔的范围里。有报道说，在南亚的孟加拉国有近一半的国民，正受到饮用的地下水砷含量较高的威胁。毗邻孟加拉国的印度西孟加拉邦，有 100 多万口井的井水中重金属含量超过世界卫生组织允许标准的 5 ～ 100 倍。

正是诸如此类的污染物，在持续不断地越来越广地污染着地下水。人们还注意到，相比之下治理地下水的污染要比地面水困难得多。

这是因为地下水深埋地下，由于厚厚地层的阻隔，人们无法直观地观测它的动态。特别是当它有多个污染源，人们就很难准确地确定污染物的来源，因而无法有效地截断污染物的进入。同样，由于地层的阻隔，人们即使采取了某些措施，也往往事倍功半，难以达到预期的效果。再则，还因为地下水的流动、补给是非常缓慢的。据调查地下水的循环周期平均需要 1 400 年左右，而河水只要 20 天就能循环一次。这种缓慢的流动方式，导致它的污染也不是短时间内完成的，而是长年累月积累的结果。例如，尽管美国早在 30 年前就已禁止使用农药DDT（双吋氯苯基三氯乙烷），但至今 DDT 仍广泛存在于美国的地下水中；在印度的西孟加拉邦和比哈尔邦喷洒DDT 半个世纪后，每升地下水中 DDT 的含量仍比安全含量高出几千倍。因此要改变这种长期累积的结果，显然十分不易，没有同样漫长甚至更长的时间几乎是不可能的。

鉴于地下水是人们主要的饮用水源，它的污染治理又是困难重重，因此为了保证人们有一个清洁安全的饮用水源，我们必须高度重视，积极采取各种必要措施来防治地下水污染。

（张庆麟）